北京邮电大学专利分析报告

——专利资产盘点及专利价值分级评估

主编 邓相军 冯琦 张婧

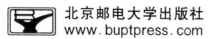

内 容 简 介

北京邮电大学积极贯彻落实教育部、国家知识产权局、科技部的各项政策，以服务国家重大区域发展战略和经济社会发展需求为导向，充分发挥科技创新对高校人才培养和"双一流"建设的带动作用，探索打造体系健全、机制创新、市场导向明确的科技成果转化机制。

本专利分析报告的整编，旨在为全面提升北京邮电大学专利质量，强化高价值专利的创造、运用和管理，更好发发挥"高校服务经济社会发展"的重要作用，促进北京邮电大学科技成果高质量转移转化，探索开创科技成果生态新局面提供参考。

图书在版编目(CIP)数据

北京邮电大学专利分析报告：专利资产盘点及专利价值分级评估 / 邓相军，冯琦，张婧主编. -- 北京：北京邮电大学出版社，2021.5(2022.3重印)

ISBN 978-7-5635-6373-9

Ⅰ. ①北… Ⅱ. ①邓… ②冯… ③张… Ⅲ. ①专利—研究报告 Ⅳ. ①G306

中国版本图书馆 CIP 数据核字(2021)第 086863 号

策划编辑：彭　楠　　责任编辑：廖　娟　　封面设计：七星博纳

出版发行：	北京邮电大学出版社
社　　址：	北京市海淀区西土城路 10 号
邮政编码：	100876
发 行 部：	电话：010-62282185　传真：010-62283578
E-mail：	publish@bupt.edu.cn
经　　销：	各地新华书店
印　　刷：	北京九州迅驰传媒文化有限公司
开　　本：	720 mm×1 000 mm　1/16
印　　张：	9.75
字　　数：	160 千字
版　　次：	2021 年 5 月第 1 版
印　　次：	2022 年 3 月第 2 次印刷

ISBN 978-7-5635-6373-9　　　　　　　　　　　　　　　　定价：78.00 元

· 如有印装质量问题，请与北京邮电大学出版社发行部联系 ·

版权声明

本专利分析报告著作权为北京邮电大学技术转移中心、北京邮电大学国家大学科技园所有,若转载、摘编或以其他任何形式使用本专利分析报告的部分或全部内容应注明来源,违反上述声明者,著作权方有权追究其相关法律责任。

前言

以习近平新时代中国特色社会主义思想为指导，全面贯彻党的十九大和十九届二中、三中、四中全会精神，落实全国教育大会部署，坚持创新发展理念，紧扣高质量发展这一主线，深入实施创新驱动发展战略和知识产权强国战略，全面提升高校专利创造质量、运用效益、管理水平和服务能力，推动科技创新和学科建设取得新进展，支撑教育强国、科技强国和知识产权强国建设。

北京邮电大学积极贯彻落实教育部、国家知识产权局、科技部联合印发的教科技〔2020〕1号《关于提升高等学校专利质量 促进转化运用的若干意见》（以下简称《若干意见》）和教科技〔2018〕7号《高等学校科技成果转化和技术转移基地认定暂行办法》的通知要求，以服务国家重大区域发展战略和经济社会发展需求为导向，充分发挥科技创新对高校人才培养和"双一流"建设的带动作用，探索打造体系健全、机制创新、市场导向明确的科技成果转化机制。

自《国家知识产权战略纲要》颁布实施以来，高校知识产权创造、运用和管理水平不断提高，专利申请量、授权量大幅提升。但是与国外高水平大学相比，我国高等学校专利还存在"重数量轻质量""重申请轻实施"等问题。

北京邮电大学技术转移中心、北京邮电大学国家大学科技园作为北京邮电大学科技成果转化的重要参与部门，遵循"坚持质量优先、突出转化导向、强化政策引领"的原则，在完善高等学校促进科技成果转化管理体系、制度体系和支撑服务体系建设等方面，结合北京邮电大学学科优势，开展体制、机制创新探索,促进北京邮电大学科技成果转移转化能力提升,逐步建立和完善专利质量管理和科技成果转化的创新模式。

本专利分析报告的整理编写,旨在为全面提升北京邮电大学专利质量,强化高价值专利的创造、运用和管理,更好地发挥"高校服务经济社会发展"的重要作用,促进北京邮电大学科技成果高质量转移转化,探索开创科技成果生态新局面提供参考。

本专利分析报告编写组成员:邓相军、冯琦、张婧。

目 录

一 评估背景及目的 …………………………………………………………… 1

二 评估系统 …………………………………………………………………… 3

三 评估对象及范围 …………………………………………………………… 5

四 评估过程 …………………………………………………………………… 6

1. 北京邮电大学专利概况分析 ……………………………………………… 6

   1.1 专利申请情况 ………………………………………………………… 6

      1.1.1 专利申请/授权趋势分析 ……………………………………… 6

      1.1.2 专利地域分布分析 …………………………………………… 8

      1.1.3 专利类型及专利法律状态分析 ……………………………… 9

      1.1.4 专利技术分布 ………………………………………………… 10

  1.1.5 专利主要发明人分析 ··· 13
  1.1.6 专利主要发明人申请趋势分析 ································· 14
  1.1.7 联合申请公司专利分析 ·· 16
 1.2 专利运营情况 ·· 25
 1.3 北京邮电大学专利创新战略 ·· 29

2. 北京邮电大学近五年专利分析 ·· 30
 2.1 专利申请/授权趋势分析 ··· 31
 2.2 专利地域分布分析 ·· 32
 2.3 专利类型及专利法律状态分析 ·· 33
 2.4 近五年专利技术分布 ··· 34
 2.5 专利主要发明人分析 ··· 35
 2.6 专利主要发明人申请趋势分析 ·· 37
 2.7 北京邮电大学近五年联合申请公司专利分析 ···················· 39

3. 北京邮电大学专利价值评估及等级分类 ···································· 47
 3.1 专利价值概况分析 ·· 47
 3.2 北京邮电大学高价值专利分析 ·· 49
 3.3 北京邮电大学高价值专利 ·· 51
 3.4 北京邮电大学重点关注专利 ··· 64
 3.5 北京邮电大学高引用专利分析 ·· 67
  3.5.1 高引用专利 Top10 详情 ·· 67
  3.5.2 近五年高引用专利 Top10 详情 ······························ 88
 3.6 专利运营机会 ·· 100

4. 与国内主要研发机构对标分析 ·· 102

4.1 北京邮电大学与北京航空航天大学对标 …………………………… 103
    4.1.1 北京邮电大学与北京航空航天大学专利概况对比 ………… 103
    4.1.2 北京邮电大学和北京航空航天大学专利年趋势对比 ……… 104
    4.1.3 北京邮电大学和北京航空航天大学海外专利地域分布对比 … 106
    4.1.4 北京邮电大学和北京航空航天大学专利价值对比 ………… 107
    4.1.5 北京邮电大学和北京航空航天大学专利技术焦点对比 …… 108
    4.1.6 北京邮电大学和北京航空航天大学创新战略对比 ………… 110

4.2 北京邮电大学和南京邮电大学对标 …………………………………… 111
    4.2.1 北京邮电大学和南京邮电大学专利概况对比 ……………… 111
    4.2.2 北京邮电大学和南京邮电大学专利年趋势对比 …………… 112
    4.2.3 北京邮电大学和南京邮电大学海外专利地域分布对比 …… 114
    4.2.4 北京邮电大学和南京邮电大学专利价值对比 ……………… 115
    4.2.5 北京邮电大学和南京邮电大学专利技术焦点对比 ………… 116
    4.2.6 北京邮电大学和南京邮电大学创新战略对比 ……………… 118

4.3 北京邮电大学和西安电子科技大学对标 …………………………… 119
    4.3.1 北京邮电大学和西安电子科技大学专利概况对比 ………… 119
    4.3.2 北京邮电大学和西安电子科技大学专利年趋势对比 ……… 120
    4.3.3 北京邮电大学和西安电子科技大学专利地域分布对比 …… 122
    4.3.4 北京邮电大学和西安电子科技大学专利价值对比 ………… 123
    4.3.5 北京邮电大学和西安电子科技大学专利技术焦点对比 …… 124
    4.3.6 北京邮电大学和西安电子科技大学创新战略对比 ………… 126

4.4 北京邮电大学和电子科技大学（成都）对标 ……………………… 127
    4.4.1 北京邮电大学和电子科技大学（成都）专利概况对比 ……… 127

  4.4.2 北京邮电大学和电子科技大学（成都）专利年趋势对比 …… 128

  4.4.3 北京邮电大学和电子科技大学（成都）专利地域分布对比 … 130

  4.4.4 北京邮电大学和电子科技大学（成都）专利价值对比 ……… 131

  4.4.5 北京邮电大学和电子科技大学（成都）专利技术焦点对比 … 132

  4.4.6 北京邮电大学和电子科技大学（成都）专利创新战略对比 … 134

5. 北京邮电大学知识产权工作梳理 …………………………………… 135

6. 北京邮电大学专利资产管理建议 …………………………………… 138

 五 特别事项说明 ………………………………………………………… 143

一 评估背景及目的

目前,国家知识产权局、科技部、教育部联合发布了《关于提升高等学校专利质量 促进转化运用的若干意见》(以下简称《若干意见》),针对当前高校知识产权和科技成果转化工作存在的"重数量轻质量""重申请轻实施"的问题,提出了新要求,作出了具体部署。高校作为国家科技创新的重要源泉,是科技成果的供给侧、专利产出的主力军,但同时高校专利转化运用不足、高质量高价值专利缺乏等问题依旧存在。为了更好地优化北京邮电大学的知识产权工作、促进科研成果转移转化,故对北京邮电大学现有专利进行盘点分析。本项目主要开展以下三方面的评估工作:

(1) 诊断北京邮电大学现有专利资产的状况。专利概况分析从专利申请/授权趋势、专利地域分布、专利类型及专利法律状态、专利技术分类、主要发明人及其团队、联合申请维度等方面全面了解学校专利资产的状况。专利价值评估采用专利价值评估系统从 5 大维度、25 个指标予以评估。专利价值分级根据专利价值的分布特性、专利家族规模、专利寿命、发明人团队的实力等维度进行等级分类。

(2) 了解北京邮电大学专利成果在市场上的资本化价值,更好地实现高价值专利的转移转化。根据专利价值、专利被引用次数、专利家族规模、法律历史状况等维度筛选北京邮电大学的重要专利,以高被引专利的引用信息、已运营专利以及联合申请为线索寻找潜在的专利运营机会。

(3) 同类高校中找准定位,为后续高价值专利的培育提供方向和建议。选取国内具有同样特色的高校或者同区域内具有可比性的高校进行对标。对标分析可从专利概况、专利运营的转化率、高价值专利、有效专利和技术应用广度等维度进行，以便更好地寻找优劣势。

二 评估系统

目前，国内外资产评估界对专利资产的评估方法都是由较为成熟的有形资产评估方法发展而来的。总体来说，评估主要有三种方法，即成本法、市场法和收益法。

本项目采用专利价值评估系统作为专利价值的评估工具，该评估系统在传统的市场法基础上融入专利指标法，同时建立一套专利运营的参考数据库，该数据库包括基于人工计算的并购运营信息、数以百计的专利估价项目以及专利拍卖等信息。该专利运营参考数据库涵盖了机械、IT、生命科学、医药器械、化工、电子、半导体等主要领域，以及欧、美、日、韩数以万计的历史运营数据。

通过机器学习对上述参考数据进行学习，并结合改进的市场法算法，从而计算出世界范围内专利的价值区间。

该评估系统有三大特点：

（1）专利相关指标系统丰富全面，共5大维度、25个指标（如表1-1所示）；

（2）机器学习海量专利实际运营数据，动态调整；

（3）机器自动评估，客观公正高效。

类似于评估一处房产，首先会基于如地理位置、占地面积、使用年限、房间数、设备性能等指标，然后赋予各个指标不同的权重从而评估出其市场价值。价值评估体系从5个维度整合了25个指标（包括引用、被引用、专利家族规模、家族覆盖区域、专利年龄、法律状态等）。

该指标体系系统科学，被广泛应用在并购模拟、价值分级和资产盘点等商业用途中，如2018年10月，欧菲科技在关于收购富士胶片镜头相关专利及富士（天津）全部股权的过程中，使用价值评估体系评估富士胶片及富士（中国）的专利、专利许可，最终使其价格和估值处于合理水平；又如美国某著名车企利用价值评估体系为专利律师提供包含评估数据的季度报告，根据专利申请的价值建议每件专利是否需要放弃，加快专利律师的处理进程，协助其达成在所有技术领域节省50万美元的目标；再如某大学通过价值评估系统，对内部持有专利进行价值分层，帮助筛选专利和管理专利池。

表 1-1 专利价值评估的 25 个指标维度

指标维度	主要指标名称	指标维度	主要指标名称
技术质量	➢ 审查时长 ➢ 前向引用 ➢ 后向引用 ➢ 科学关联度 ➢ 权利要求数量 ➢ 技术应用可转移性 ➢ 侵权证据获取难度 ➢ 专利年龄 ➢ 最具影响力专利 ➢ 技术覆盖范围 ➢ ……	市场吸引力	➢ 技术时间趋势 ➢ 技术趋势可持续性 ➢ 一定时间某领域发明总数 ➢ ……
		市场覆盖率	➢ 专利族覆盖的范围 ➢ PCT 申请 ➢ ……
		申请人（或专利权人）信息	➢ 联合申请 ➢ 发明人数量 ➢ R&D 申请人比例 ➢ ……
		法律信息	➢ 专利保护剩余有效期 ➢ 专利保护范围 ➢ 法律稳定性 ➢ ……

三 评估对象及范围

（1）专利资产盘点。本报告专利检索范围：申请日为 1994 年 1 月 1 日至 2020 年 5 月 10 日，北京邮电大学所有已公开专利，法律状态显示转让、许可、失效的专利以及北京邮电大学作为受让方的专利数据，即当前专利申请/专利权人为北京邮电大学。

对标的高校选取南京邮电大学、北京航空航天大学、西安电子科技大学和电子科技大学（成都）四所高校。

（2）专利价值分级。截至检索日，北京邮电大学所有有效和审查中的发明和实用新型专利，且在价值评估系统最近一次更新之前公开。

四 评估过程

1. 北京邮电大学专利概况分析

对北京邮电大学的专利整体情况进行梳理，从 2001 年 1 月 1 日至 2020 年 5 月 10 日已公开数据显示，北京邮电大学已申请的专利共 7 580 件，下述对这 7 580 件专利的情况做具体分析。

1.1 专利申请情况

1.1.1 专利申请/授权趋势分析

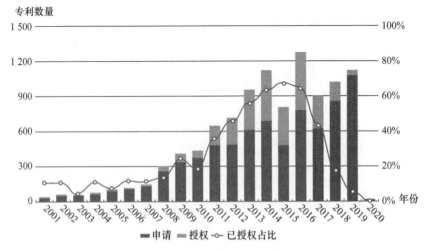

图 1-1 北京邮电大学专利申请授权趋势图

（注：2020 年数据截至 5 月，故申请量、授权量较少）

表 1-2 北京邮电大学专利申请授权统计表

状态	年份									
	2001	2002	2003	2004	2005	2006	2007	2008	2009	2010
申请	29	47	48	66	94	109	130	261	331	372
授权	3	5	2	7	7	13	15	36	80	69
总数	29	47	48	66	94	109	130	261	331	332
已授权占比	10.34%	10.63%	4.16%	10.6%	7.44%	11.92%	11.53%	13.79%	24.16%	18.54%

状态	年份									
	2011	2012	2013	2014	2015	2016	2017	2018	2019	2020
申请	480	491	612	686	484	777	625	862	1 072	4
授权	172	225	343	434	327	504	271	152	55	0
总数	480	491	612	686	484	777	625	862	1 072	4
已授权占比	35.83%	45.82%	56.04%	63.26%	67.56%	64.86%	43.36%	17.63%	5.13%	0.00%

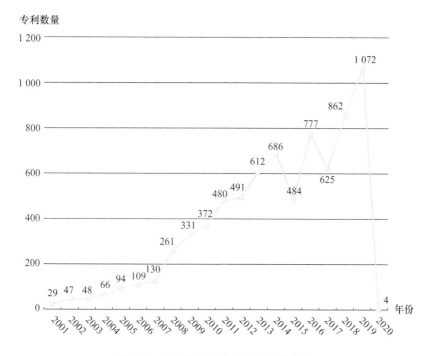

图 1-2 北京邮电大学专利申请趋势图

（注：2020 年数据截至 5 月，故授权数量较少）

从图表中可以看出，图 1-1 展现的是北京邮电大学 2001—2020 年专利申请和授权趋势图。专利申请趋势以绿色柱状显示，专利授权趋势以黄色柱状显示。曲线代表已授权占比。图 1-2 展现的是北京邮电大学 2001—2020 年专利申请趋势。其中，2019 年专利申请数量最多，为 1 072 件；2016 年的授权数量最多，为 504 件。

1.1.2　专利地域分布分析

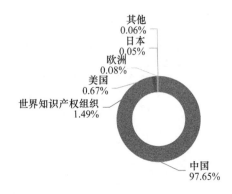

图 1-3　北京邮电大学的专利区域分布图

表 1-3　北京邮电大学的专利区域分布占比

区域	专利数量	比例
中国	7 426	97.65%
世界知识产权组织	113	1.49%
美国	51	0.67%
欧洲	6	0.08%
日本	4	0.05%
中国香港	2	0.03%
澳大利亚	1	0.01%
芬兰	1	0.01%
印度	1	0.01%

图 1-3（表 1-3）有助于了解北京邮电大学的专利地域分布。如图所示，北京邮电大学的专利主要分布在中国、美国、欧洲、日本等地。其中，分布在中国的专利数量为 7 426 件，分布在美国的专利数量为 51 件，分布在欧洲的专利数量为 6 件，分布在日本的专利数量为 4 件，分布在中国香港地区的专利数量为 2 件，分布在澳大利亚、芬兰、印度的专利数量各为 1 件。其中，通过 PCT 途径申请的专利共有 113 件。

1.1.3 专利类型及专利法律状态分析

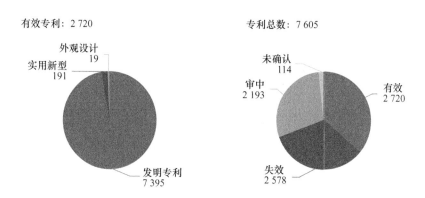

图 1-4 北京邮电大学专利类型及法律状态

表 1-4 北京邮电大学专利类型及法律状态

分类	专利数量	比例
总数	7 605	100.00%
发明专利	7 395	97.24%
实用新型	191	2.51%
外观设计	19	0.25%
有效	2 720	35.77%
失效	2 578	33.90%
审中	2 193	28.84%
未确认	114	1.50%

图 1-4（表 1-4）显示了北京邮电大学专利的专利类型及法律状态的百分比。专利类型在一定程度上可反映技术的创新程度。北京邮电大学的专利类型以发明专利为主。法律状态如图所示，有效专利占比 35.77％，失效专利占比 33.90％，审中专利占比 28.84％。

1.1.4 专利技术分布

图 1-5　北京邮电大学专利技术焦点分布

表 1-5　北京邮电大学专利技术焦点分布情况统计

分类号	定义	专利数量	比例
H04L12	数据交换网络（存储器、输入/输出设备或中央处理单元之间的信息或其他信号的互连或传送入 G06F13/00）	1 099	14.45％
H04L29	H04L1/00 至 H04L27/00 单个组中不包含的装置、设备、电路和系统	933	12.27％
G06F17	特别适用于特定功能的数字计算设备、数据处理设备或数据处理方法（信息检索、数据库结构或文件系统结构，G06F16/00）	481	6.32％

续表

分类号	定义	专利数量	比例
H04B10	利用无线电波以外的电磁波（如红外线、可见光或紫外线）或利用微粒辐射（如量子通信）的传输系统	457	6.01%
H04B7	无线电传输系统，即使用辐射场的（H04B10/00，H04B15/00）优先	428	5.63%
H04W72	本地资源管理，如无线资源的选择、分配，或无线业务量调度	428	5.63%
H04L1	检测或防止收到信息中的差错的装置	407	5.35%
G06K9	用于阅读、识别印刷或书写字符，或者用于识别图形，如指纹的方法或装置（用于图表阅读或者将诸如力或现状态的机械参量的图形转换为电信号的方法或装置入G06K11/00，语音识别入G10L15/00）	399	5.25%
H04L27	调制载波系统	332	4.37%
H04W24	监督、监控或测试装置	308	4.05%

图1-5将北京邮电大学专利进行技术归类（矩形大小对应的是专利数量的多少），这有助于了解该技术领域内可应用的不同技术和潜在机会。该信息可用于识别特定技术领域内跨界应用的机会。表1-5是北京邮电大学专利在各个技术领域的情况统计，主要有分类号、定义及对应专利数量。

北京邮电大学专利涉及的主要产业领域包括：C40仪器仪表制造业，I65软件和信息技术服务业，O81机动车、电子产品和日用产品修理业，C39计算机、通信和其他电子设备制造业，C43金属制品、机械和设备修理业，I63电信、广播电视和卫星传输服务。

北京邮电大学专利旭日图（图1-6）是从最近10 000条专利中提取了语义关键词，外层的关键词是内层关键词的进一步分解，有助于了解北京邮电大学更详细的技术焦点。

北京邮电大学专利创新图云（图1-7）是从最近10 000条专利中提取了语义关键词而组成，有助于了解北京邮电大学更详细的技术焦点。

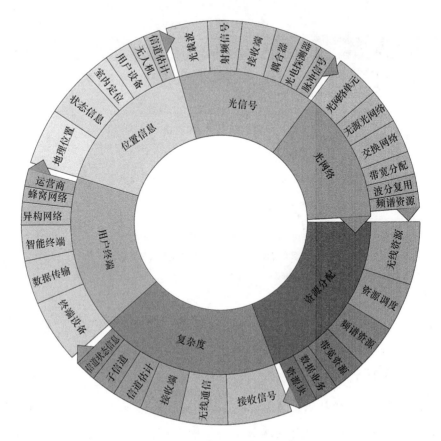

图 1-6 北京邮电大学专利旭日图

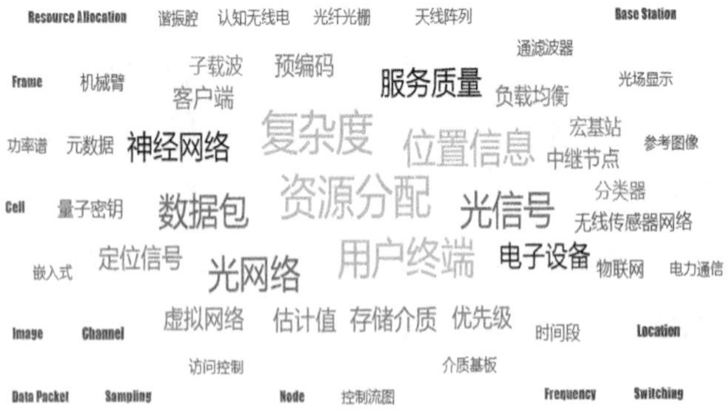

图 1-7 北京邮电大学专利创新图云

1.1.5 专利主要发明人分析

图1-8（表1-6）显示了北京邮电大学的专利主要发明人排名情况。在北京邮电大学的专利申请中，主要发明人按申请数量排序为：张平、纪越峰、邓中亮、刘元安、王文博、张杰、冯志勇、贾庆轩、温向明、忻向军、孙汉旭、陶小峰、马华东、张琦、赵永利、苏森、杨放春、王拥军、刘博、彭木根。主要发明人按专利平均被引用量排序为：杨放春、张平、孙汉旭、王文博、彭木根、贾庆轩、苏森、陶小峰、纪越峰、马华东、冯志勇、温向明、刘元安、邓中亮、张杰、忻向军、刘博、王拥军、张琦、赵永利。由此看出，张平的专利数量和质量都是较高的。需要注意的是，虽然杨放春的专利数量不是很多，但是质量却是最高的。此数据有助于筛选出为北京邮电大学专利做出贡献的主要发明人，有助于为北京邮电大学挖掘人才。

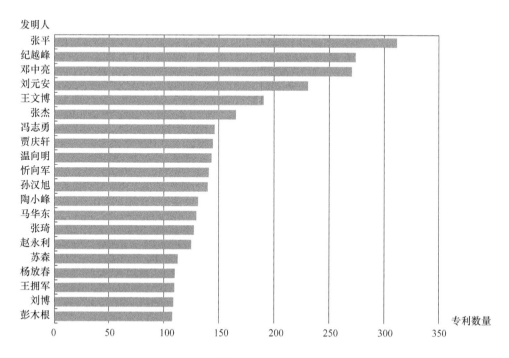

图1-8 北京邮电大学专利发明人排名

表 1-6 北京邮电大学专利发明人排名表

发明人	专利数量	首次公开（公告）日	最新公开（公告）日	专利平均被引用量
张平	312	2002/03/20	2020/05/08	9.90
纪越峰	274	1995/12/13	2020/04/24	5.40
邓中亮	270	2007/11/14	2020/05/15	3.68
刘元安	230	2002/05/15	2020/05/12	4.27
王文博	190	2003/05/14	2020/04/10	9.21
张杰	166	1995/12/13	2020/05/15	3.59
冯志勇	146	2007/06/13	2020/05/08	4.97
贾庆轩	144	2008/07/23	2020/04/28	8.44
温向明	143	2007/06/13	2020/04/21	4.85
忻向军	141	2005/07/27	2020/05/05	3.15
孙汉旭	140	2003/09/17	2020/04/28	9.27
陶小峰	132	2005/09/21	2020/05/12	6.86
马华东	130	2003/10/15	2020/05/08	5.05
张琦	127	2008/07/23	2020/05/05	2.75
赵永利	125	2009/04/29	2020/05/15	2.73
苏森	113	2004/10/27	2019/12/31	7.97
杨放春	110	2004/08/11	2020/05/12	12.20
王拥军	110	2010/10/27	2020/05/05	2.78
刘博	109	2010/10/27	2020/05/05	2.83
彭木根	108	2007/07/11	2020/05/15	8.92

1.1.6 专利主要发明人申请趋势分析

图 1-9 主要识别北京邮电大学专利主要发明人申请专利的趋势，体现该发明

人研发的生命周期。如图 1-9 所示，不同颜色的线条代表不同发明人的研发生命周期。红色线条代表张平，通过表 1-7 可以找到其每年的申请量。此外，通过对主要发明人申请趋势分析，有助于识别最近几年拥有较多专利申请的发明人，如图 1-9 所示，邓中亮、刘元安、张杰等人近几年申请专利数量较多，代表了北京邮电大学新兴或者现有的人才。

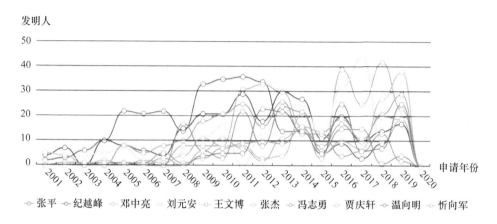

图 1-9 北京邮电大学专利主要发明人申请趋势分析图

表 1-7 北京邮电大学专利主要发明人申请情况统计

发明人	年份																			
	2001	2002	2003	2004	2005	2006	2007	2008	2009	2010	2011	2012	2013	2014	2015	2016	2017	2018	2019	2020
张平	2	3	6	10	22	21	22	14	33	35	36	34	14	14	5	9	3	9	19	0
纪越峰	4	7	0	10	8	6	4	15	21	21	29	18	30	27	11	20	10	14	17	0
邓中亮	0	0	0	0	0	2	2	8	8	8	31	33	30	27	3	39	25	42	23	0
刘元安	1	0	4	5	7	2	2	5	11	16	0	13	22	25	12	32	44	10	19	0
王文博	0	1	1	0	8	5	8	10	18	21	25	16	26	13	13	4	6	13	2	0
张杰	5	4	0	2	0	2	1	4	11	8	8	3	4	21	5	10	7	27	38	0
冯志勇	0	0	0	0	0	0	0	0	0	0	0	0	0	15	2	17	10	21	29	0
贾庆轩	0	0	0	0	0	1	0	17	6	3	22	8	24	22	6	15	15	1	4	0
温向明	0	0	0	1	1	0	0	0	4	5	5	23	22	14	5	25	6	7	25	0

续表

发明人	2001	2002	2003	2004	2005	2006	2007	2008	2009	2010	2011	2012	2013	2014	2015	2016	2017	2018	2019	2020
忻向军	0	0	1	1	0	0	3	0	6	11	7	2	11	16	14	19	11	20	19	0
孙汉旭	1	4	0	0	0	2	0	18	6	3	23	7	20	20	7	12	9	1	6	0
陶小峰	0	0	1	1	11	10	6	5	13	5	10	7	13	0	6	8	16	14	0	
马华东	0	0	0	0	2	3	3	0	4	6	4	3	0	14	16	16	20	10	23	1
张琦	0	0	0	0	0	0	0	0	0	10	6	2	9	14	14	8	11	19	17	0
赵永利	0	0	0	0	0	0	0	2	6	8	1	3	21	2	8	9	18	41	0	
苏森	0	7	1	3	3	0	5	6	0	8	7	11	4	18	6	19	10	4	1	0
杨放春	0	9	0	3	6	2	5	10	4	18	2	3	16	9	4	7	7	0	3	0
王拥军	0	0	0	0	0	0	0	0	4	10	6	0	9	10	12	16	8	17	16	0
刘博	0	0	0	0	0	0	0	0	10	7	1	8	11	15	20	10	6	21	0	
彭木根	0	0	0	0	3	3	7	4	9	14	8	12	2	9	5	13	11	7	1	

1.1.7 联合申请公司专利分析

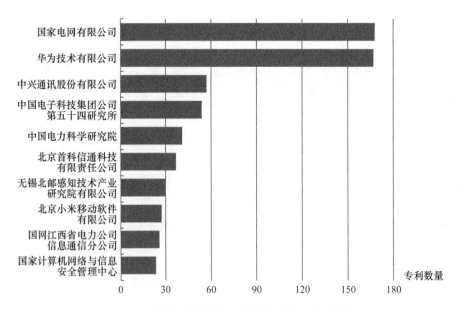

图 1-10 北京邮电大学主要联合申请公司专利总量

表 1-8　北京邮电大学主要联合申请公司专利数量

公司	专利数量
国家电网有限公司	169
华为技术有限公司	168
中兴通讯股份有限公司	58
中国电子科技集团公司第五十四研究所	55
中国电力科学研究院	41
北京首科信通科技有限责任公司	37
无锡北邮感知技术产业研究院有限公司	30
北京小米移动软件有限公司	28
国网江西省电力公司信息通信分公司	26
国家计算机网络与信息安全管理中心	24

图 1-11 体现了北京邮电大学主要联合申请公司的专利申请的年趋势变化。北京邮电大学与国家电网有限公司联合申请主要集中在 2016—2020 年，北京邮电大学与华为技术有限公司联合申请主要集中在 2009—2015 年，北京邮电大学与中兴通讯股份有限公司联合申请主要集中在 2014—2019 年，北京邮电大学与中国电子科技集团公司第五十四研究所联合申请主要集中在 2017—2020 年，北京邮电大学与中国电力科学研究院联合申请主要集中在 2015—2020 年，北京邮电大学与北京首科信通科技有限责任公司联合申请主要集中在 2011—2016 年，北京邮电大学与北京邮电大学世纪学院联合申请主要集中在 2017—2020 年，北京邮电大学与无锡北邮感知技术产业研究院有限公司联合申请主要集中在 2012—2017 年，北京邮电大学与北京小米移动软件有限公司联合申请主要集中在 2018—2020 年，北京邮电大学与国网江西省电力公司信息通信分公司联合申请主要集中在 2014—2018 年。

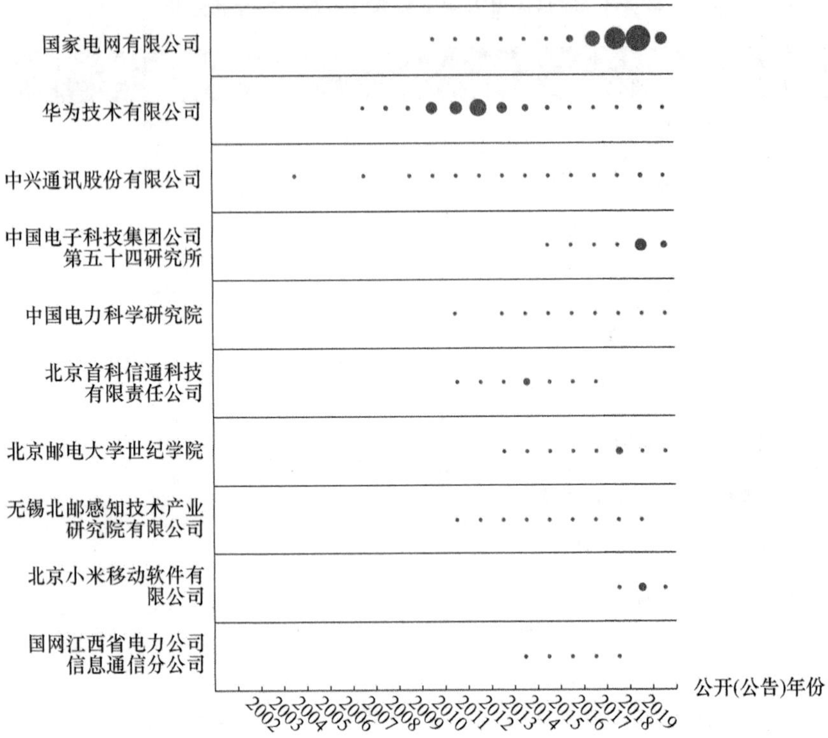

图 1-11 北京邮电大学联合申请时间趋势

表 1-9 北京邮电大学联合申请时间

公司	公开（公告）年份																		
	2002	2003	2004	2005	2006	2007	2008	2009	2010	2011	2012	2013	2014	2015	2016	2017	2018	2019	2020
国家电网有限公司	0	0	0	0	0	0	0	0	1	1	2	1	5	7	14	30	38	47	23
华为技术有限公司	0	0	0	0	0	4	9	10	22	23	29	20	12	11	8	4	5	10	1
中兴通讯股份有限公司	0	0	3	0	0	1	0	4	4	3	5	2	5	6	5	3	4	10	1
中国电子科技集团公司第五十四研究所	0	0	0	0	0	0	0	0	0	0	0	0	0	1	1	9	7	23	14
中国电力科学研究院	0	0	0	0	0	0	0	0	0	1	0	1	2	5	6	7	6	8	5
北京首科信通科技有限责任公司	0	0	0	0	0	0	0	0	0	1	6	6	14	5	4	1	0	0	0
北京邮电大学世纪学院	0	0	0	0	0	0	0	0	0	0	0	1	1	2	1	3	12	8	4
无锡北邮感知技术产业研究院有限公司	0	0	0	0	0	0	0	0	0	1	4	4	3	2	5	8	2	1	0
北京小米移动软件有限公司	0	0	0	0	0	0	0	0	0	0	0	0	0	0	0	0	5	16	7
国网江西省电力公司信息通信分公司	0	0	0	0	0	0	0	0	0	0	0	0	3	2	6	8	7	0	0

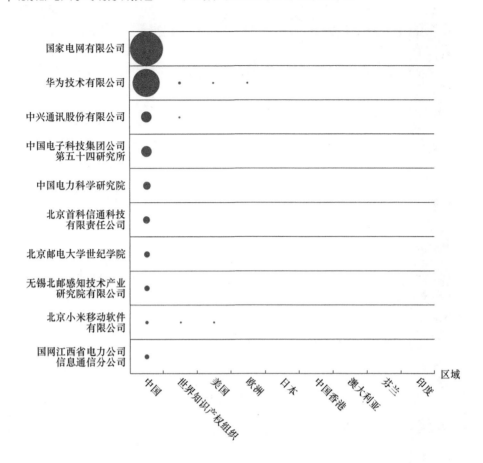

图 1-12 北京邮电大学联合申请专利地域趋势

图 1-12 体现了主要联合申请公司在全球市场各自的侧重。北京邮电大学与其他单位的联合申请主要是在中国。北京邮电大学与华为技术有限公司联合申请的专利在美国有 3 件，在欧洲有 5 件。北京邮电大学与北京首科信通科技有限责任公司联合申请的专利在日本有 1 件，北京邮电大学与北京小米移动软件有限公司联合申请的专利在美国有 1 件。

表 1-10 北京邮电大学联合申请专利地域趋势

公司\公开（公告）年份	澳大利亚	中国	欧洲	芬兰	中国香港	印度	日本	美国	世界知识产权组织
国家电网有限公司	0	169	0	0	0	0	0	0	0
华为技术有限公司	0	145	5	0	0	0	0	3	15
中兴通讯股份有限公司	0	56	0	0	0	0	0	0	2
中国电子科技集团公司第五十四研究所	0	55	0	0	0	0	0	0	0
中国电力科学研究院	0	41	0	0	0	0	0	0	0
北京首科信通科技有限责任公司	0	36	0	0	0	0	1	0	0
北京邮电大学世纪学院	0	32	0	0	0	0	0	0	0
无锡北邮感知技术产业研究院有限公司	0	30	0	0	0	0	0	0	0
北京小米移动软件有限公司	0	17	0	0	0	0	0	1	10
国网江西省电力公司信息通信分公司	0	26	0	0	0	0	0	0	0

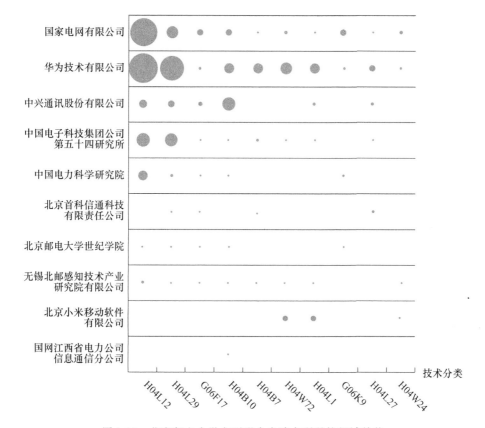

图 1-13 北京邮电大学主要联合申请专利科技领域趋势

表 1-11 北京邮电大学主要联合申请专利科技领域趋势

分类号	国家电网有限公司	华为技术有限公司	中兴通讯股份有限公司	中国电子科技集团公司第五十四研究所	中国电力科学研究院	北京首信科技通科技有限责任公司	北京邮电大学世纪学院	无锡北邮感知技术产业研究院有限公司	北京小米移动软件有限公司	国网江西省电力公司信息通信分公司
H04L12-数据交换网络（存储器、输入/输出设备或中央处理单元之间的信息或其他信号的互连或传送入 G06F13/00）	44	48	14	21	16	0	1	5	0	0
H04L29-H04L1/00 至 H04L27/00 单个组中不包含的装置、设备、电路和系统	20	39	13	20	5	1	1	4	0	0
G06F17-特别适用于特定功能的数字计算设备或数据处理设备或数据处理方法（信息检索、数据库结构或文件系统结构，G06F16/00）	10	6	7	2	3	1	3	3	0	0
H04B10-利用无线电波以外的电磁波（如红外线、可见光或紫外线）或利用微粒辐射（如量子通信）的传输系统	11	17	22	3	1	0	2	2	0	1

续表

分类号	国家电网有限公司	华为技术有限公司	中兴通讯股份有限公司	中国电子科技集团公司第五十四研究所	中国电力科学研究院	北京普信科技有限责任公司	北京邮电大学世纪学院	无锡北邮感知技术产业研究院有限公司	北京小米移动软件有限公司	国网江西省电力公司信息通信分公司
H04B7-无线电传输系统,即使用辐射场的(H04B10/00,H04B15/00优先)	4	18	0	6	0	1	0	2	0	0
H04W72-本地资源管理,例如,无线资源的选择或分配无线业务量调度	7	21	0	3	0	0	0	1	9	0
H04L1-检测或防止收到信息中的差错的装置	1	18	5	3	0	0	0	3	10	0
G06K9-用于阅读或识别印刷或书写字符或者用于识别图形,例如,指纹的方法或装置(用于图表阅读或者将诸如力或现状态的机械参量的图形转换为电信号的方法或装置入G06K11/00;语音识别入G10L15/00)	11	1	0	0	5	0	4	0	0	0
H04L27-调制载波系统	1	11	5	3	0	6	0	0	0	0
H04W24-监督、监控或测试装置	7	4	0	0	0	0	0	1	1	0

在联合申请专利方面，北京邮电大学和国家电网有限公司、华为技术有限公司、中兴通讯股份有限公司、中国电子科技集团公司第五十四研究所、中国电力科学研究院、北京首科信通科技有限责任公司、北京邮电大学世纪学院、无锡北邮感知技术产业研究院有限公司、北京小米移动软件有限公司、国网江西省电力公司信息通信分公司等企业/单位有联合申请的情况。其中，北京邮电大学与国家电网有限公司、华为技术有限公司的联合申请数量较多，分别为169件和168件。

表1-11显示了该公司的主要联合申请公司在不同技术侧重点上的差异。北京邮电大学与国家电网有限公司联合申请技术主要集中在H04L12-数据交换网络（存储器、输入/输出设备或中央处理单元之间的信息或其他信号的互连或传送入H04L29-H04L1/00至H04L27/00单个组中不包含的装置、设备、电路和系统）。北京邮电大学与华为技术有限公司联合申请技术主要集中在H04L12-数据交换网络（存储器、输入/输出设备或中央处理单元之间的信息或其他信号的互连或传送入H04L29-H04L1/00至H04L27/00单个组中不包含的装置、设备、电路和系统。北京邮电大学与中兴通讯股份有限公司联合申请技术主要集中在H04B10-利用无线电波以外的电磁波（如红外线、可见光或紫外线）或利用微粒辐射（如量子通信）的传输系统。北京邮电大学与中国电子科技集团公司第五十四研究所联合申请技术主要集中在H04L12-数据交换网络（存储器、输入/输出设备或中央处理单元之间的信息或其他信号的互连或传送入H04L29-H04L1/00至H04L27/00单个组中不包含的装置、设备、电路和系统）。北京邮电大学与中国电力科学研究院联合申请技术主要集中在H04L12-数据交换网络（存储器、输入/输出设备或中央处理单元之间的信息或其他信号的互连或传送入H04L29-H04L1/00至H04L27/00单个组中不包含的装置、设备、电路和系统）。北京邮电大学与北京首科信通科技有限责任公司联合申请技术主要集中在H04L27-调制载波系统，北京邮电大学与北京邮电大学世纪学院联合申请技术主要集中在G06K9-用于阅读或识别印刷或书写字符或者用于识别图形，北京邮电大学与无

锡北邮感知技术产业研究院有限公司联合申请技术主要集中在 H04L12-数据交换网络（存储器、输入/输出设备或中央处理单元之间的信息或其他信号的互连或传送入 H04L29-H04L1/00 至 H04L27/00 单个组中不包含的装置、设备、电路和系统）。北京邮电大学与北京小米移动软件有限公司联合申请技术主要集中在 H04W72-本地资源管理，例如，无线资源的选择或分配或无线业务量调度，H04L1-检测或防止收到信息中的差错的装置。北京邮电大学与国网江西省电力公司信息通信分公司联合申请技术主要集中在 H04B10-利用无线电波以外的电磁波（如红外线、可见光或紫外线）或利用微粒辐射（如量子通信）的传输系统。

1.2 专利运营情况

北京邮电大学现有专利运营仍处于起步阶段，原始申请人为北京邮电大学的发生许可的专利有 11 件，发生权力转移的专利有 256 件，发生复审的专利有 23 件，发生保全的专利有 5 件，发生诉讼的专利有 0 件。发生许可的专利具体情况如表 1-12 所示。

表 1-12 北京邮电大学专利运营情况

申请号	标题	申请日	授权日	[标]当前申请（专利权）人	[标]原始申请（专利权）人	许可人	被许可人	许可类型
CN200610086677.7	基于吉比特无源光网络中多等级服务的动态带宽分配方法	2006-06-28	2010-11-03	江苏南方天宏通信科技有限公司	北京邮电大学	江苏西贝电子网络有限公司	江苏南方天宏通信科技有限公司	独占许可

续表

申请号	标题	申请日	授权日	[标]当前申请(专利权)人	[标]原始申请(专利权)人	许可人	被许可人	许可类型
CN200610002840.7	一种降低小区间干扰的上行多用户导频方法	2006-02-06	2011-05-04	北京邮电大学—华为技术有限公司	北京邮电大学	华为技术有限公司	苹果公司	普通许可
CN200810239829.1	一种双向认证的方法	2008-12-12	2011-12-21	天柏宽带网络技术(北京)有限公司	天柏宽带网络科技(北京)有限公司—北京邮电大学	天柏宽带网络科技(北京)有限公司	天柏宽带网络科技(北京)有限公司	普通许可
CN201110197260.9	高频宽带射频信号光纤拉远系统	2011-07-14	2014-02-26	北京邮电大学	北京邮电大学	北京邮电大学	金海新源电气江苏有限公司	独占许可

续表

申请号	标题	申请日	授权日	[标]当前申请（专利权）人	[标]原始申请（专利权）人	许可人	被许可人	许可类型
CN201410005359.8	大规模MIMO系统下自适应波束赋形模式的选择方法	2014-01-06	2018-01-09	北京邮电大学	北京邮电大学	北京邮电大学	航天行云科技有限公司	排他许可
CN201010608077.9	光载无线网络媒体接入控制方法	2010-12-16	2013-12-25	北京邮电大学	北京邮电大学	北京邮电大学	金海新源电气江苏有限公司	独占许可
CN201310603604.0	一种3D波束赋形方法及设备	2013-11-25	2018-02-23	北京邮电大学	北京邮电大学	北京邮电大学	航天行云科技有限公司	排他许可

续表

申请号	标题	申请日	授权日	[标]当前申请(专利权)人	[标]原始申请(专利权)人	被许可人	许可类型
CN200310113564.8	自适应偏振模色散补偿装置	2003-11-18	2008-02-20	北京邮电大学	北京邮电大学	镇江市正恺电子有限公司	独占许可
CN03137642.8	高速光纤通信中偏振模色散补偿的方法	2003-06-09	2006-03-08	北京邮电大学	北京邮电大学	江苏飞格光电有限公司	独占许可
CN200510115058.1	模型驱动、适合不同接口和平台技术的融合业务生成方法	2005-11-23	2009-02-04	江苏怡丰通信设备有限公司	北京邮电大学	江苏怡丰通信设备有限公司	独占许可
CN200810167871.7	异构网络中的网络终端选择方法及装置	2008-10-15	2012-01-18	江苏怡丰通信设备有限公司	北京邮电大学	江苏怡丰通信设备有限公司	独占许可

从上表可以看出，北京邮电大学发生许可的专利涉及的主要产业领域包括：C40仪器仪表制造业，O81机动车、电子产品和日用产品修理业，C39计算机、通信和其他电子设备制造业，I63电信、广播电视和卫星传输服务，I65软件和信息技术服务业，C43金属制品、机械和设备修理业。发生许可的专利涉及的主要技术领域包括H04B传输，H04L数字信息的传输，如电报通信（电报和电话通信的公用设备入H04M），H04W无线通信网络（广播通信入H04H；使用无线链路来进行非选择性通信的通信系统，如无线扩展入H04M1/72），H04H广播通信（多路复用通信入H04J，广播系统的图像通信方面入H04N），H04J多路复用通信（专用于数字信息传输的入H04L5/00，同时或顺序传送多个电视信号的系统入H04N7/08，用于交换机的入H04Q11/00），H04N图像通信，如电视，H04Q选择开关、继电器、选择器入H01H；无线通信网络入H04W。现有专利发生转移的情况有限，后续在运营方面存在较大的提升空间。

1.3 北京邮电大学专利创新战略

学校	数量增长	质量提升	学术驱动	市场推动	专业化	多样化	国际化	合作性
北京邮电大学	0.233	0.006	0.070	0.202	0.369	0.093	0.000	0.153

图1-14 北京邮电大学专利创新战略分布

图 1-14 显示北京邮电大学专利创新战略分布情况，数量增长指标是基于专利数量的按年增长率，体现北京邮电大学研发战略，对比其他高校是否更重视"量"的发展；质量提升指标是基于拥有高质量专利的比例（同一领域内被引用数量较多的专利为高质量专利），体现研发中是否重视"质"的提升；市场推动指标是基于专利引用的年限，如果引用的其他专利都为近几年的专利，则可认为该单位更加市场化；学术驱动指标是基于非专利文献的引用情况，体现该单位是否与学术领域合作紧密；专业化指标是基于该公司 IPC（International Patent Classification，IPC）分类的集中化程度，越集中代表研发领域越专业；多样化指标是基于跨技术领域专利的比例，比例越高代表研发多样性越强；国际化指标是基于发明者的区域国籍的情况，即专利中跨国家/地区研发的比例；合作性指标是基于合作研发的情况，即合作申请的专利数量比例。

通过上述指标可以看出北京邮电大学专业化这个指标比较高，说明专利的 IPC 比较集中，在其研发领域更专业。国际化指标比较差，说明北京邮电大学海外专利布局比较差。

2. 北京邮电大学近五年专利分析

对北京邮电大学近五年的专利整体情况进行梳理，从已公开数据显示，北京邮电大学申请的专利共 3 824 件，下述对这 3 824 件专利的情况做具体分析。

2.1 专利申请/授权趋势分析

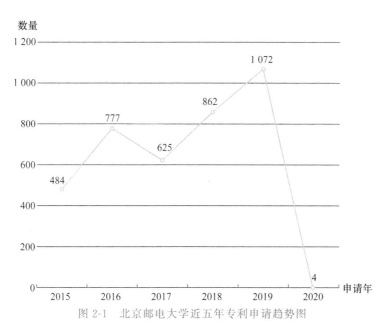

图 2-1 北京邮电大学近五年专利申请趋势图

注：2020年数据截至5月，故申请量、授权量较少

表 2-1 北京邮电大学专利近五年专利申请授权趋势表

状态\年份	2015	2016	2017	2018	2019	2020
申请	484	777	625	862	1 072	4
授权	327	504	271	152	55	0
总数	484	777	625	862	1 072	4
已授权占比	67.56%	64.86%	43.36%	17.63%	5.13%	0.00%

（注：2020年数据截至5月，故申请量、授权量较少）

图 2-1 展现的是北京邮电大学 2015—2020 年专利申请和授权趋势图。曲线代表已授权占比。表 2-1 展现的是北京邮电大学 2015—2020 年专利申请趋势。其中，2019 年专利申请量最高，为 1 072 件，2016 年的授权量最高，为 504 件。

2.2 专利地域分布分析

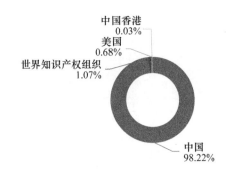

图 2-2　北京邮电大学近五年的专利区域分布

表 2-2　北京邮电大学近五年的专利区域分布

区域	专利数量	比例
中国	3 756	98.22%
世界知识产权组织	41	1.07%
美国	26	0.68%
中国香港	1	0.03%

图 2-2（表 2-2）有助于了解北京邮电大学 2015—2020 年专利地域分布情况。如图所示，北京邮电大学的专利主要分布在中国、美国、中国香港等地。其中，分布在中国的专利数量为 3 757 件，分布在美国的专利数量为 26 件，分布在欧洲的专利数量为 1 件，通过 PCT 途径申请的专利有 41 件。

2.3 专利类型及专利法律状态分析

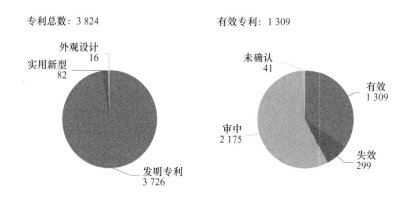

图 2-3 北京邮电大学近五年专利类型和法律状态

表 2-3 北京邮电大学近五年专利类型和法律状态

	专利数量	比例
总数	3 824	100.00%
发明专利	3 726	97.44%
实用新型	82	2.14%
外观设计	16	0.42%
有效	1 309	34.23%
失效	299	7.82%
审中	2 175	56.88%
未确认	41	1.07%

图 2-3（表 2-3）显示了北京邮电大学近五年专利的类型和法律状态。专利类型在一定程度上可反映技术的创新程度，北京邮电大学的专利类型以发明专利为主。法律状态如表所示，有效专利占比 34.23%，失效专利占比 7.82%，审中专

利占比56.88%。

2.4 近五年专利技术分布

图 2-4 北京邮电大学近五年专利技术焦点分布

表 2-4 北京邮电大学近五年专利技术焦点分布

分类号	定义	专利数量	比例
H04L12	数据交换网络（存储器、输入/输出设备或中央处理单元之间的信息或其他信号的互连或传送入G06F13/00）	462	12.08%
H04L29	H04L1/00至H04L27/00单个组中不包含的装置、设备、电路和系统	410	10.72%
G06K9	用于阅读或识别印刷或书写字符或者用于识别图形，例如，指纹的方法或装置（用于图表阅读或者将诸如力或现状态的机械参量的图形转换为电信号的方法或装置入G06K11/00；语音识别入G10L15/00）	339	8.87%
G06F17	尤其适用于特定功能的数字计算设备、数据处理设备、数据处理方法（信息检索、数据库结构或文件系统结构，G06F16/00）	233	6.09%

续 表

分类号	定义	专利数量	比例
G06N3	基于生物学模型的计算机系统	232	6.07%
H04B7	无线电传输系统，即使用辐射场的（H04B10/00，H04B15/00优先）	209	5.47%
H04W72	本地资源管理，如无线资源的选择或分配或无线业务量调度	205	5.36%
H04B10	利用无线电波以外的电磁波（如红外线、可见光或紫外线）或利用微粒辐射（如量子通信）的传输系统	200	5.23%
G06F16	信息检索；数据库结构；文件系统结构	188	4.92%
H04W4	专门适用于无线通信网络的业务；其设施	170	4.45%

图 2-4（表 2-4）将北京邮电大学近五年专利进行了技术归类（矩形大小对应的是专利数量的多少），这有助于了解该技术领域内可应用的不同技术和潜在机会，也可用于识别特定技术领域内跨界应用的机会。

2.5 专利主要发明人分析

图 2-5（表 2-5）显示了北京邮电大学近五年专利的主要发明人排名情况。在北京邮电大学的专利申请中，主要发明人按申请数量排序为：邓中亮、刘元安、张杰、马华东、冯志勇、忻向军、张琦、赵永利、黄韬、刘博、纪越峰、田清华、宋美娜、王拥军、温向明、路兆铭、刘江、田凤、喻松、吴永乐。主要发明人按专利平均被引用量排序为：马华东、刘江、黄韬、路兆铭、刘元安、温向明、纪越峰、冯志勇、刘博、田凤、吴永乐、王拥军、田清华、张琦、忻向军、邓中亮、宋美娜、喻松、张杰、赵永利。由此可以看出，马华东的专利数量和质量都是较高的。需要注意的是，虽然刘江的专利数量不是很多，但是质量却是最高的。

| 北京邮电大学专利分析报告——专利资产盘点及专利价值分级评估

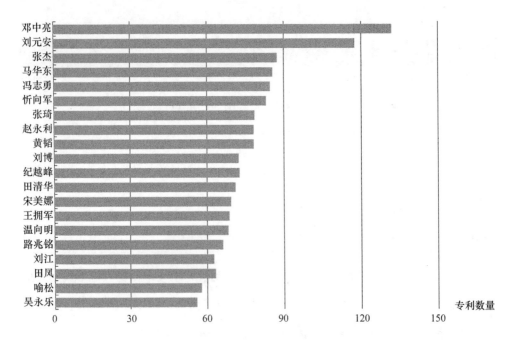

图 2-5　北京邮电大学近五年专利发明人排名

表 2-5　北京邮电大学近五年专利发明人排名

发明人	专利数量	首次公开（公告）日	最新公开（公告）日	专利平均被引用量
邓中亮	132	2016/04/13	2020/05/15	0.96
刘元安	117	2015/09/02	2020/05/12	1.43
张杰	87	2016/03/09	2020/05/15	0.55
马华东	86	2015/08/12	2020/05/08	1.79
冯志勇	85	2015/05/27	2020/05/08	1.27
忻向军	83	2016/02/24	2020/04/24	0.99
张琦	79	2016/02/24	2020/04/17	1.04
赵永利	78	2016/03/09	2020/05/15	0.46
黄韬	78	2016/01/13	2020/05/08	1.63
刘博	72	2015/11/25	2020/04/24	1.25
纪越峰	72	2015/03/25	2020/04/24	1.28
田清华	71	2016/02/24	2020/04/17	1.07
宋美娜	69	2015/05/20	2020/04/28	0.70

续 表

发明人	专利数量	首次公开（公告）日	最新公开（公告）日	专利平均被引用量
王拥军	69	2016/02/24	2020/04/17	1.09
温向明	68	2016/08/31	2020/04/21	1.40
路兆铭	66	2016/08/31	2020/04/21	1.44
刘江	63	2016/01/13	2020/05/08	1.75
田凤	63	2016/02/24	2020/04/17	1.14
喻松	58	2015/08/12	2020/05/12	0.69
吴永乐	56	2016/05/25	2020/05/15	1.13

2.6 专利主要发明人申请趋势分析

图2-6（表2-6）显示了北京邮电大学主要发明人申请专利的趋势，体现该发明人的研发生命周期。如图所示，不同颜色的线条代表不同发明人的研发生命周期。如红色线条代表邓中亮，通过表格可以找到其每年的申请量。此外，通过对主要发明人申请趋势的分析，有助于识别近几年拥有较多专利申请的发明人，如图所示，邓中亮、刘元安、张杰等人近几年申请专利数量较多，代表着北京邮电大学新兴或者现有的人才。

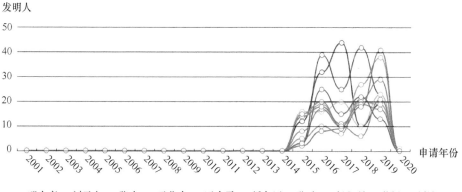

图2-6 北京邮电大学近五年专利主要发明人申请趋势

表 2-6 北京邮电大学近五年专利主要发明人申请趋势

申请年份 发明人	2013	2014	2015	2016	2017	2018	2019	2020
邓中亮	0	0	3	39	25	42	23	0
刘元安	0	0	12	32	44	10	19	0
张杰	0	0	5	10	7	27	38	0
马华东	0	0	16	16	20	10	23	1
冯志勇	0	0	8	17	10	21	29	0
忻向军	0	0	14	19	11	20	19	0
张琦	0	0	14	18	11	19	17	0
赵永利	0	0	2	8	9	18	41	0
黄韬	0	0	3	25	15	22	13	0
刘博	0	0	15	20	10	6	21	0
纪越峰	0	0	11	20	10	14	17	0
田清华	0	0	14	18	7	17	15	0
宋美娜	0	0	7	4	6	18	34	0
王拥军	0	0	12	16	8	17	16	0
温向明	0	0	5	25	6	7	25	0
路兆铭	0	0	5	25	6	7	23	0
刘江	0	0	3	22	15	17	6	0
田凤	0	0	11	18	4	15	15	0
喻松	0	0	3	8	4	28	15	0
吴永乐	0	0	3	18	11	7	16	1

2.7 北京邮电大学近五年联合申请公司专利分析

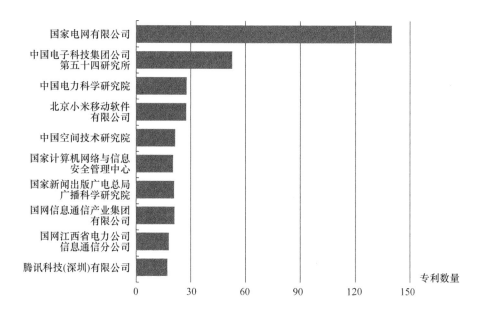

图 2-7 北京邮电大学近五年主要联合申请公司专利数量

表 2-7 北京邮电大学近五年主要联合申请公司专利数量

公司	专利数量
国家电网有限公司	139
中国电子科技集团公司第五十四研究所	53
中国电力科学研究院	28
北京小米移动软件有限公司	28
中国空间技术研究院	22
国家计算机网络与信息安全管理中心	21
国家广播电视总局广播科学研究院	21
国网信息通信产业集团有限公司	21

续表

公司	专利数量
国网江西省电力公司信息通信分公司	18
腾讯科技（深圳）有限公司	17

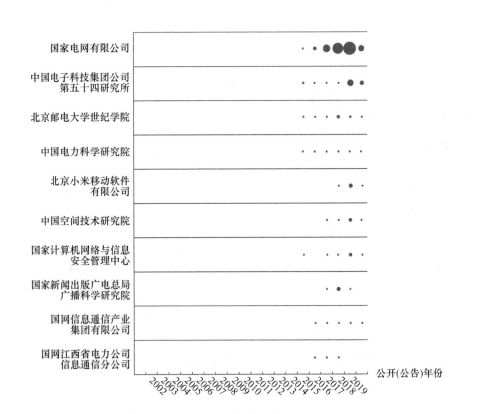

图 2-8　北京邮电大学近五年联合申请时间趋势

表 2-8 北京邮电大学近五年联合申请时间趋势

公司	公开（公告）年份					
	2015	2016	2017	2018	2019	2020
国家电网有限公司	3	13	21	35	44	23
中国电子科技集团公司第五十四研究所	1	1	7	7	23	14
北京邮电大学世纪学院	2	1	3	12	8	4
中国电力科学研究院	3	5	4	5	6	5
北京小米移动软件有限公司	0	0	0	5	16	7
中国空间技术研究院	0	0	3	5	13	1
国家计算机网络与信息安全管理中心	1	0	2	4	12	2
国家广播电视总局广播科学研究院	0	0	5	11	5	0
国网信息通信产业集团有限公司	0	1	5	4	7	4
国网江西省电力公司信息通信分公司	0	6	6	6	0	0

图 2-8（表 2-8）体现了北京邮电大学主要联合申请公司的专利申请的年趋势变化。北京邮电大学与国家电网有限公司联合申请数量最多的是在 2019 年，共 44 件；北京邮电大学与中国电子科技集团公司第五十四研究所联合申请数量最多的是在 2019 年，共 23 件；北京邮电大学与北京邮电大学世纪学院联合申请数量最多的是在 2018 年，共 12 件；北京邮电大学与中国电力科学研究院联合申请数量最多的是在 2019 年，共 6 件；北京邮电大学与北京小米移动软件有限公司联合申请数量最多的是在 2019 年，共 16 件；北京邮电大学与中国空间技术研究院联合申请数量最多的是在 2019 年，共 13 件；北京邮电大学与国家计算机网络与信息安全管理中心联合申请数量最多的是在 2019 年，共 12 件；北京邮电大学与国家广播电视总局广播科学研究院联合申请数量最多的是在 2018 年，共 11 件；北京邮电大学与国网信息通信产业集团有限公司联合申请数量最多的是在 2019 年，共 7 件；北京邮电大学与国网江西省电力公司信息通信分公司联合申

请数量平均分布在 2016、2017 和 2018 年，分别 6 件。

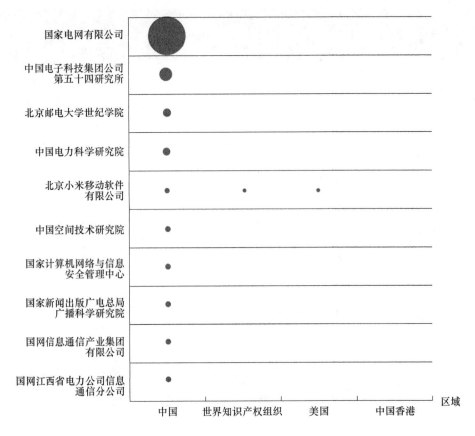

图 2-9　北京邮电大学近五年联合申请专利地域趋势

表 2-9　北京邮电大学近五年联合申请专利地域趋势

公司	中国	中国香港	美国	世界知识产权组织
国家电网有限公司	139	0	0	0
中国电子科技集团公司第五十四研究所	53	0	0	0
北京邮电大学世纪学院	30	0	0	0
中国电力科学研究院	28	0	0	0
北京小米移动软件有限公司	17	0	1	10
中国空间技术研究院	22	0	0	0

续 表

公司	中国	中国香港	美国	世界知识产权组织
国家计算机网络与信息安全管理中心	21	0	0	0
国家广播电视总局广播科学研究院	21	0	0	0
国网信息通信产业集团有限公司	21	0	0	0
国网江西省电力公司信息通信分公司	18	0	0	0

图2-9（表2-9）体现了北京邮电大学的主要联合申请公司在全球市场各自的侧重。北京邮电大学与其他单位的联合申请主要是在中国。北京邮电大学与北京小米移动软件有限公司联合申请在美国有1件，通过PCT途径有10件。

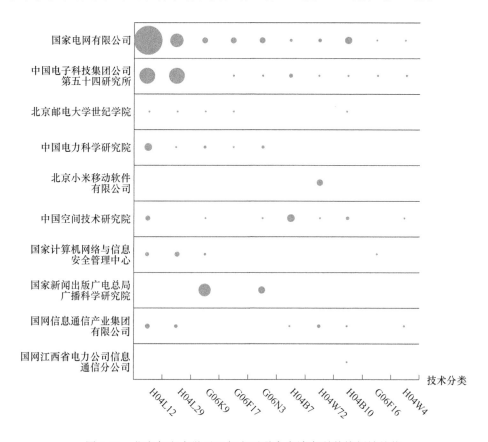

图2-10 北京邮电大学近五年主要联合申请专利科技领域趋势

表 2-10 北京邮电大学近五年主要联合申请专利科技领域趋势

分类号	国家电网有限公司	中国电子科技集团公司第五十四研究所	北京邮电大学世纪学院	中国电力科学研究院	北京小米移动软件有限公司	中国空间技术研究院	国家计算机网络与信息安全管理中心	国家新闻出版广电总局广播科学研究院	国网信通集团产业有限公司	国网江西省电力公司信息通信分公司
H04L12-数据交换网络（存储器、输入/输出设备或中央处理单元之间的信息或其他信号的互连或传送入G06F13/00）	38	21	1	10	0	6	5	0	7	0
H04L29-H04L1/00 至 H04L27/00 单个组中不包含的装置、设备、电路和系统	17	20	1	2	0	0	7	0	5	0
G06K9-用于阅读或识别印刷或书写字符或用于识别图形、如指纹的方法或装置（用于图表阅读或将诸如力或现状态的机械参量加为电信号的方法或装置入G06K11/00；语音识别入G10L15/00）	10	0	4	5	0	1	4	16	0	0
G06F17-特别适用于特定功能的数字计算设备或数据处理设备或数据处理方法（信息检索、数据库结构，G06F16/00）	9	2	3	3	0	0	0	0	0	0

续表

分类号	国家电网有限公司	中国电子科技集团公司第五十四研究所	北京邮电大学世纪学院	中国电力科学研究院	北京小米移动软件有限公司	中国空间技术研究院	国家计算机网络与信息安全管理中心	国家新闻出版广电总局广播科学研究院	国网信通产业集团有限公司	国网江西省电力公司信息通信分公司
G06N3-基于生物学模型的计算机系统	8	2	0	5	0	1	0	10	0	0
H04B7-无线电传输系统，即使用辐射场的（H04B10/00，H04B15/00优先）	4	6	0	0	0	10	0	0	2	0
H04W72-本地资源管理，如无线资源的选择或分配无线业务量调度	5	3	0	0	9	2	0	0	4	0
H04B10-利用无线电波以外的电磁波（如红外线，可见光或紫外线）或利用微粒辐射（如量子通信）的传输系统	9	3	2	0	0	5	0	0	1	1
G06F16-信息检索；数据库结构；文件系统结构	2	2	0	0	0	0	1	0	0	0
H04W4-专门适用于无线通信网络的业务及其设施	2	1	0	0	0	2	0	0	2	0

在近五年主要联合申请专利方面，北京邮电大学和国家电网有限公司、中国电子科技集团公司第五十四研究所、北京邮电大学世纪学院、中国电力科学研究院、北京小米移动软件有限公司、中国空间技术研究院、国家计算机网络与信息安全管理中心、国家广播电视总局广播科学研究院、国网信息通信产业集团有限公司、国网江西省电力公司信息通信分公司等企业/单位有联合申请的情况。其中，北京邮电大学与国家电网有限公司、华为技术有限公司的联合申请数量较多，分别为 139 件和 53 件。

图 2-10（表 2-10）显示了该公司的主要联合申请公司在不同技术侧重点上的差异。北京邮电大学与国家电网有限公司联合申请技术主要集中在 H04L12-数据交换网络（存储器、输入/输出设备或中央处理单元之间的信息或其他信号的互连或传送入 G06F13/00），H04L29-H04L1/00 至 H04L27/00 单个组中不包含的装置、设备、电路和系统。北京邮电大学与中国电子科技集团公司第五十四研究所联合申请技术主要集中在 H04L12-数据交换网络（存储器、输入/输出设备或中央处理单元之间的信息或其他信号的互连或传送入 G06F13/00）H04L29-H04L1/00 至 H04L27/00 单个组中不包含的装置、设备、电路和系统。北京邮电大学与北京邮电大学世纪学院联合申请技术主要集中在 G06K9-用于阅读或识别印刷或书写字符或者用于识别图形，例如，指纹的方法或装置（用于图表阅读或者将诸如力或现状态的机械参量的图形转换为电信号的方法或装置入 G06K11/00；语音识别入 G10L15/00），G06F17-特别适用于特定功能的数字计算设备或数据处理设备或数据处理方法（信息检索、数据库结构或文件系统结构，G06F16/00）。北京邮电大学与中国电力科学研究院联合申请技术主要集中在 H04L12-数据交换网络（存储器、输入/输出设备或中央处理单元之间的信息或其他信号的互连或传送入 G06F13/00）。北京邮电大学与北京小米移动软件有限公司联合申请技术主要集中在 H04W72-本地资源管理，例如，无线资源的选择或分配或无线业务量调度。北京邮电大学与中国空间技术研究院联合申请技术

主要集中在 H04B7-无线电传输系统，即使用辐射场的（H04B10/00，H04B15/00 优先）。北京邮电大学与国家计算机网络与信息安全管理中心联合申请技术主要集中在 H04L12-数据交换网络（存储器、输入/输出设备或中央处理单元之间的信息或其他信号的互连或传送入 G06F13/00）H04L29-H04L1/00 至 H04L27/00 单个组中不包含的装置、设备、电路和系统。北京邮电大学与国家广播电视总局广播科学研究院有限公司联合申请技术主要集中在 G06K9-用于阅读或识别印刷或书写字符或者用于识别图形，例如，指纹的方法或装置（用于图表阅读或者将诸如力或现状态的机械参量的图形转换为电信号的方法或装置入 G06K11/00；语音识别入 G10L15/00），G06N3-基于生物学模型的计算机系统。北京邮电大学与国网信息通信产业集团有限公司联合申请技术主要集中在 H04L12-数据交换网络（存储器、输入/输出设备或中央处理单元之间的信息或其他信号的互连或传送入 G06F13/00）H04L29-H04L1/00 至 H04L27/00 单个组中不包含的装置、设备、电路和系统。北京邮电大学与国网江西省电力公司信息通信分公司联合申请技术主要集中在 H04B10-利用无线电波以外的电磁波（如红外线、可见光或紫外线）或利用微粒辐射（如量子通信）的传输系统。

3. 北京邮电大学专利价值评估及等级分类

3.1 专利价值概况分析

总价值	总价值最小估计	总价值最大估计	简单同族数量
$ 242 597 000	$ 175 608 400	$ 309 921 000	3 870

根据价值评估系统对专利价值进行评定，该价值评估系统不包括外观设计、失效专利的价值评估，因此共 3 870 件专利可获得参考价值及相应的价值分类。专利价值数据会随着专利法律状态、被引用次数等的变化而动态变化。

在评估出的专利价值基础上对专利进行等级分类，可产生以下好处：

（1）专利质量分布清晰可见，易于掌握北京邮电大学专利质量的具体情况；

（2）便于北京邮电大学更好地构建专利族群，提升专利质量竞争力；

（3）对专利市场的交易活动起到基础性的参考作用。

根据北京邮电大学专利价值的数据特性和专利的同族、运营、申请公开时间，将 3 870 件专利分为 A、B、C、D、E 五个等级，接下来对五个等级做简要介绍。

A 级、B 级：高价值专利，根据北京邮电大学的专利价值分布特性，此处高价值设定的阈值为 50 万美元；由于专利价值的评估基于 25 个维度，所以专利价值高意味着该专利的综合质量较高，需要重点管理。

C 级：稳健专利，该类专利的价值中等偏上，有发展成高价值专利的潜力。

D 级：新生专利，该级专利价值虽然较低，但主要是由申请/公开时间较晚所致（此处选择的时间段为近五年），所以该类专利的价值需要时间的验证。

E 级：晚期专利，该类专利价值低，且申请/公开时间较早，即该类专利的价值基本已体现全面，但是专利价值依然低，能在一定程度上说明该类专利的技术性和市场性较弱。

其中，A 级、B 级专利应被重点关注和维护；C 级专利建议持有，并寻找合适时机进行许可等操作，将其发展成高价值专利；而 D 级专利由于寿命较短，价值暂未全面展示，可随着时间的推移再行确定；E 级专利可继续维持的意义不大，针对此类专利，北京邮电大学可以和相关发明人沟通，确定其处理方式（以较低的价格转让或者放弃），以对专利资产进行合适地管理。

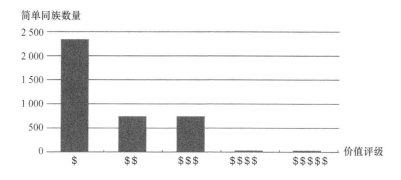

图 3-1 北京邮电大学有效及审查中专利的价值等级分类

表 3-1 北京邮电大学有效及审查中专利的价值等级分类

价值评级	$（E类）	$$（D类）	$$$（C类）	$$$$（B类）	$$$$$（A类）
价值区间	$0～$25K	$25K～$100K	$100K～$500K	$500K～$2.5M	＞$2.5M
简单同族数量	2 361	746	742	21	3

从图 3-1（表 3-1）可以看出，北京邮电大学共有 A 类专利 3 件，B 类专利 21 件，C 类专利 742 件，D 类专利 746 件，E 类专利 2 361 件。E 类专利的占比较大，A 类和 B 类专利占比较小。

3.2 北京邮电大学高价值专利分析

表 3-2 北京邮电大学高价值专利 TOP10

专利/名称	[标]当前申请（专利权）人	家族	技术宽度	价值	专利期预估
CN104301027B 光突发交换环网中实现自动保护倒换的方法、系统及节点	中兴通讯股份有限公司，北京邮电大学	12	1	$3 220 000	7年 申请日——过期日

续表

专利/名称	[标]当前申请（专利权）人	家族	技术宽度	价值	专利期预估
CN104348754A 一种光突发环网的带宽分配方法和装置	中兴通讯股份有限公司，北京邮电大学	12	1	$ 3 210 000	7年 申请日 过期日
CN104348551B 一种光突发传送环网的动态带宽调度方法和装置	中兴通讯股份有限公司，北京邮电大学	11	3	$ 2 510 000	7年 申请日 过期日
JP5714113B2 广播定位信号产生方法，定位方法和装置	北京首科信通科技有限责任公司，北京邮电大学	10	4	$ 1 670 000	9年 申请日 过期日
CN104253674B 反馈CSI 的方法、调度UE 的方法、UE 及基站	华为技术有限公司，北京邮电大学	9	2	$ 1 620 000	7年 申请日 过期日
JP5592567B2 多点协作通信中的协作小区集建立方法	北京邮电大学	7	4	$ 1 290 000	9年 申请日 过期日
EP2874326B1 波束码本生成方法，波束搜索方法和相关设备	华为技术有限公司，北京邮电大学	8	2	$ 1 130 000	7年 申请日 过期日
CN101159923B 业务处理方法以及系统、SIP 应用接入网关模块	华为技术有限公司，北京邮电大学	8	5	$ 1 020 000	13年 申请日 过期日
CN105122764B 一种视频数据传输的方法以及相关设备	华为技术有限公司，北京邮电大学	11	1	$ 920 000	6年 申请日 过期日
US9287939 基于遗传算法的时间表和资源分配联合优化方法	北京邮电大学	5	3	$ 910 000	7年 申请日 过期日

3.3 北京邮电大学高价值专利

高价值专利1

公开（公告）号：CN104301027B

申请号：CN201310298344.0

标题：光突发交换环网中实现自动保护倒换的方法、系统及节点

摘要：一种光突发交换环网中实现自动保护倒换的方法、系统及节点，包括主节点和从节点分别对各自的信道进行光功率监测，并将监测结果汇集到主节点；主节点根据监测结果确定发生故障时向从节点发送倒换操作指令；从节点进行倒换操作并进入保护工作状态。通过本发明，为光突发交换环网引入保护倒换机制，实现了对故障的处理，保证了光突发交换环网通信质量。本发明方法通过对数据信道和控制信道采用不同的倒换操作方式，既解决了集中控制的光突发交换环网对控制信道环路的保护要求，保证了控制信道依然能够按照主从式的环网工作模式运作，又顾全了数据信道上收发设备的利用率，最大限度地发挥了每个节点上收发设备的可用性。

申请日：2013-07-16

授权日：2018-10-26

IPC主分类号（大组）：H04B10

简单同族成员数量：12

被引用专利数量：0

被引用专利：

预估到期日：2033-07-16

当前申请（专利权）人：中兴通讯股份有限公司　北京邮电大学

原始申请（专利权）人：中兴通讯股份有限公司　北京邮电大学

发明人：郭宏翔　张东旭　陈雪　伍剑　安高峰

法律状态/事件：授权　权利转移

简单法律状态：有效

$ 3 220 000　♥♥♥♥♥

25/100分	74/100分	66.09/100分	84/100分	29.92/100分
市场吸引力	市场覆盖	技术质量	申请人得分	法律得分
市场吸引力着重从商业角度考量有多少活跃的竞争对手，以及公司在不同技术领域创新的多样性。涉及的技术领域越多样，市场吸引力越大	市场覆盖着重研究专利的市场规模，包括专利覆盖的市场大小，受专利保护的国家/地区。它反映了受法律保护的发明技术以及FTO(Freedom to Operate)的市场规模	技术质量着重研究技术挖掘的难易度，设计能力，专利功能对于产品/服务的重要性，用于考量公司专利的创新程度	申请人得分考量公司整体研发人员的技术实力。大公司在研发阶段会投入较多的研发经费，并且这些公司对现有市场和潜在市场的影响力较大，可能成为日后行业的标杆	从专利经历的法律事件来评估专利的法律效力。法律得分研究的是优先权期限，权利要求的广度和深度，权利要求的质量及其稳定性

图 3-2　北京邮电大学高价值专利分析

高价值专利 2

公开（公告）号：CN104348754A

申请号：CN201310320866.6

标题：一种光突发环网的带宽分配方法和装置

摘要：本发明提供一种光突发环网的带宽分配方法，包括主节点获取当前带宽资源，从所述当前带宽资源中刨除已被跨主节点连接占用的带宽资源，获得待分配的带宽资源；所述主节点根据光突发环网各节点的带宽请求将所述待分配的带宽资源分配给各节点。本发明还提供一种光突发环网的带宽分配装置。本发明实施例在带宽分配开始前刨除被跨主节点连接占用的带宽资源，解决了跨主节点的业务数据连接造成的接收冲突。

申请日：2013-07-26

授权日：

IPC 主分类号（大组）：H04L12

简单同族成员数量：12

被引用专利数量：3

被引用专利：CN106209686A　CN106209686B　WO2016173346A1

预估到期日：2033-07-26

[标]当前申请（专利权）人：中兴通讯股份有限公司　北京邮电大学

[标]原始申请（专利权）人：中兴通讯股份有限公司　北京邮电大学

发明人：陈雪　胡新天　郭宏翔　罗少良　安高峰

法律状态/事件：授权

简单法律状态：有效

$ 3 210 000　♥♥♥♥♥

36/100分	82/100分	62.38/100分	84/100分	21.08/100分
市场吸引力	市场覆盖	技术质量	申请人得分	法律得分
市场吸引力着重从商业角度考量有多少活跃的竞争对手，以及公司在不同技术领域创新的多样性。涉及的技术领域越多样，市场吸引力越大	市场覆盖着重研究专利的市场规模，包括专利覆盖的市场大小，受专利保护的国家/地区。它反映了受法律保护的发明技术以及FTO(Freedom to Operate)的市场规模	技术质量着重研究技术挖掘的难易度，设计能力，专利功能对于产品/服务的重要性，用于考量公司专利的创新程度	申请人得分考量公司整体研发人员的技术实力。大公司在研发阶段会投入较高的研发经费，并且这些公司对现有市场和潜在市场的影响力较大，可能成为日后行业的标杆	从专利经历的法律事件来评估专利的法律效力。法律得分研究的是优先权期限，权利要求的广度和深度，权利要求的质量及其稳定性

图 3-3　北京邮电大学高价值专利分析

高价值专利 3

公开（公告）号：CN104348551B

申请号：CN201310310875.7

标题：一种光突发传送环网的动态带宽调度方法和装置

摘要：一种光突发传送环网（OBTN）的动态带宽调度方法和装置，所述方法应用于 OBTN 中的每一个节点，包括在该节点作为主节点时，对于每一个源节点，在为该源节点到某一目的节点的连接分配时隙时，在存在尚未下路的 OB 的各时隙中，优先选用与当前配置的目的节点跳数最小的目的节点所占用的时隙；在该节点作为主节点时，将时隙分配结果转化为带宽地图的形式发送给 OBTN 中各从节点。本发明可实现 OBTN 高效且无冲突的动态资源调度，在不中断业务的情况下完全解决跨主节点业务的冲突问题。本发明不仅能公平合理地分配带宽资源并快速响应突发业务的带宽需求，而且能实现数据无冲突交换、信道空间重用、严格 QoS 保证，以及获得较高的带宽利用率。

申请日：2013-07-23

授权日：2018-12-28

IPC 主分类号（大组）：H04B10

简单同族成员数量：11

被引用专利数量：0

被引用专利：

预估到期日：2033-07-23

[标]当前申请（专利权）人：中兴通讯股份有限公司　北京邮电大学

[标]原始申请（专利权）人：中兴通讯股份有限公司　北京邮电大学

发明人：陈雪　罗少良　郭宏翔　胡新天　安高峰

法律状态/事件：授权

简单法律状态：有效

$ 2 510 000　★★★★★

28.97/100分	71/100分	64.54/100分	84/100分	21.7/100分
市场吸引力	市场覆盖	技术质量	申请人得分	法律得分
市场吸引力着重从商业角度考量有多少活跃的竞争对手，以及公司在不同技术领域创新的多样性。涉及的技术领域越多样，市场吸引力越大	市场覆盖着重研究专利的市场规模，包括专利覆盖的市场大小，受专利保护的国家/地区。它反映了受法律保护的发明技术以及 FTO(Free-dom to Operate)的市场规模	技术质量着重研究技术挖掘的难易度，设计能力，专利功能对于产品/服务的重要性，用于考量公司专利的创新程度	申请人得分考量公司整体研发人员的技术实力。大公司在研发阶段会投入较高的研发经费，并且这些公司对现有市场和潜在市场的影响力较大，可能成为日后行业的标杆	从专利经历的法律事件来评估专利的法律效力。法律得分研究的是优先权期限，权利要求的广度和深度，权利要求的质量及其稳定性

图 3-4　北京邮电大学高价值专利分析

高价值专利 4

公开（公告）号：JP5714113B2

申请号：JP2013533074

标题：广播定位信号产生方法、定位方法和装置

摘要：本发明公开了一种广播定位信号产生方法，定位方法及装置，属于该移动广播电视领域。产生广播定位信号的方法接收的数据流，所述数据流的前向纠错和正交频分复用 OFDM 调制，以生成 OFDM 信号，产生第一扩展码，由所述第一扩频码规定事迹扩频调制到消息位信息，生成一个扩频调制信号，发送识别信号期间和在 OFDM 信号中，一个或多于一个的每个时隙的同步信号的一个插入扩频调制信号和一个或多个第一扩频码以产生广播定位信号。本发明是通过将扩频信号和第一扩频码的 OFDM 信号以产生广播定位信号，并且由至少三个不同的发送器的广播定位信号定位的接收端。

申请日：2011-06-08

授权日：2015-03-20

IPC 主分类号（大组）：H04B1

简单同族成员数量：10

被引用专利数量：0

被引用专利：

预估到期日：2031-06-08

[标] 当前申请（专利权）人：北京邮电大学　北京首科信通科技有限责任公司

[标] 原始申请（专利权）人：北京邮电大学　北京首科信通科技有限责任公司

发明人：邓中亮　吕子平　施浒立　关维国　余彦培　李合敏　来奇峰　刘云

法律状态/事件：授权

简单法律状态：有效

$ 1 670 000　♦♦♦♦♦

32.63/100分	81/100分	57.85/100分	31.32/100分	42.3/100分
市场吸引力	市场覆盖	技术质量	申请人得分	法律得分
市场吸引力着重从商业角度考量有多少活跃的竞争对手，以及公司在不同技术领域创新的多样性。涉及的技术领域越多样，市场吸引力越大	市场覆盖着重研究专利的市场规模，包括专利覆盖的市场大小，受专利保护的国家/地区。它反映了受法律保护的发明技术以及FTO(Freedom to Operate)的市场规模	技术质量着重研究技术挖掘的难易度，设计能力，专利功能对于产品/服务的重要性，用于考量公司专利的创新程度	申请人得分考量公司整体研发人员的技术实力。大公司在研发阶段会投入较高的研发经费，并且这些公司对现有市场和潜在市场的影响力较大，可能成为日后行业的标杆	从专利经历的法律事件来评估专利的法律效力。法律得分研究的是优先权期限，权利要求的广度和深度，权利要求的质量及其稳定性

图 3-5　北京邮电大学高价值专利分析

高价值专利 5

公开（公告）号：CN104253674B

申请号：CN201310263092.8

标题：反馈 CSI 的方法、调度 UE 的方法、UE 及基站

摘要：本发明公开了反馈 CSI 的方法、调度 UE 的方法、UE 及基站。其中，反馈 CSI 的方法包括：UE 接收基站广播的参考信号；利用参考信号对基站与 UE 之间的无线信道进行信道估计，获得 CSI 和信道质量参数；根据信道质量权值参数对信道质量参数进行调整，获得信道统计质量参数；当信道统计质量参数超过信道质量阈值时，向基站反馈 CSI。由于本发明通过信道质量权值参数对信道质量参数进行动态调整，并根据调整后的信道统计质量参数与信道质量阈值的比较结果选择是否上报 CSI，因此可以使得系统内的 UE 被均匀调度。

申请日：2013-06-27

授权日：2017-12-29

IPC 主分类号（大组）：H04L1

简单同族成员数量：9

被引用专利数量：0

被引用专利：

预估到期日：2033-06-27

[标] 当前申请（专利权）人：华为技术有限公司　北京邮电大学

[标] 原始申请（专利权）人：华为技术有限公司　北京邮电大学

发明人：张永平　王悦　刘雨　赖冠宏

法律状态/事件：授权

简单法律状态：有效

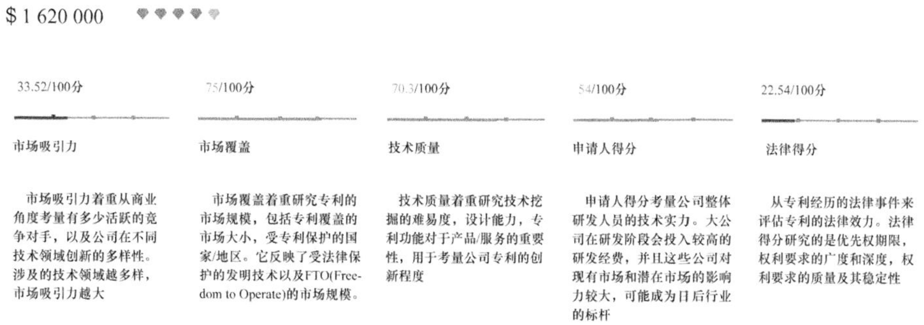

$ 1 620 000　♥♥♥♥♥

33.52/100分	75/100分	70.3/100分	54/100分	22.54/100分
市场吸引力	市场覆盖	技术质量	申请人得分	法律得分
市场吸引力着重从商业角度考量有多少活跃的竞争对手，以及公司在不同技术领域创新的多样性。涉及的技术领域越多样，市场吸引力越大	市场覆盖着重研究专利的市场规模，包括专利覆盖的市场大小，受专利保护的国家/地区。它反映了受法律保护的发明技术以及FTO(Freedom to Operate)的市场规模。	技术质量着重研究技术挖掘的难易度，设计能力，专利功能对于产品/服务的重要性，用于考量公司专利的创新程度	申请人得分考量公司整体研发人员的技术实力。大公司在研发阶段会投入较高的研发经费，并且这些公司对现有市场和潜在市场的影响力较大，可能成为日后行业的标杆	从专利经历的法律事件来评估专利的法律效力。法律得分研究的是优先权期限，权利要求的广度和深度，权利要求的质量及其稳定性

图 3-6　北京邮电大学高价值专利分析

高价值专利 6

公开（公告）号：JP5592567B2

申请号：JP2013535268

标题：多点协作通信中的协作小区集建立方法

摘要：公开了一种在协作多点通信中建立 CoMP 协作集的方法，该方法包括以下步骤：触发和启动协作多点通信过程；根据 UE 测量的测量小区集合中所有小区的信道状态信息，确定候选 CoMP 协作集；向所确定的候选 CoMP 协作集中的协作小区的 eNodeB 发送 CoMP 协作集建立请求；eNodeB 为协作小区，并接收响应 CoMP 协作集建立请求的 CoMP 协作集建立请求给 UE 的服务小区的 eNodeB，并向服务小区的 eNodeB 发送 CoMP 协作集建立响应。UE，UE 的服务小区的 eNodeB 根据 CoMP 协作集建立响应的信息确定 UE 的 CoMP 协作集；根据协作多点通信模式，共享 CoMP 协作集的 UE 的数据信息和业务承载信息。本发明保证了协调的多点联合发送/接收，降低了通信系统的开销和复杂性，并进一步减少了信息交换的时间延迟。

申请日：2011-10-27

授权日：2014-08-08

IPC 主分类号（大组）：H04W48

简单同族成员数量：7

被引用专利数量：0

被引用专利：

预估到期日：2031-10-27

[标] **当前申请（专利权）人**：北京邮电大学

[标] **原始申请（专利权）人**：北京邮电大学

发明人：陶小峰　许晓东　张平　李宏佳　王强　倪捷

法律状态/事件：授权　权利转移

简单法律状态：有效

$ 1 290 000　◆ ◆ ◆ ◆ ◆

30/100分	68/100分	57.83/100分	27/100分	45.38/100分
市场吸引力	市场覆盖	技术质量	申请人得分	法律得分
市场吸引力着重从商业角度考量有多少活跃的竞争对手，以及公司在不同技术领域创新的多样性。涉及的技术领域越多样，市场吸引力越大	市场覆盖着重研究专利的市场规模，包括专利覆盖的市场大小，受专利保护的国家/地区。它反映了受法律保护的发明技术以及FTO(Freedom to Operate)的市场规模	技术质量着重研究技术挖掘的难易度，设计能力，专利功能对于产品/服务的重要性，用于考量公司专利的创新程度	申请人得分考量公司整体研发人员的技术实力。大公司在研发阶段会投入较高的研发经费，并且这些公司对现有市场和潜在市场的影响力较大，可能成为日后行业的标杆	从专利经历的法律事件来评估专利的法律效力。法律得分研究的是优先权期限，权利要求的广度和深度，权利要求的质量及其稳定性

图 3-7　北京邮电大学高价值专利分析

高价值专利 7

公开（公告）号：EP2874326B1

申请号：EP2013825482

标题（译）：波束码本生成方法、波束搜索方法和相关设备

摘要（译）：本发明实施例公开了一种波束码本生成方法，波束搜索方法及相关装置，其中波束码本生成方法包括：根据实际生成的波束信号信道的数量计算参考波束的第一阵列响应因子，根据预设数量的目标波束信号通道计算参考波束的第二阵列响应因子；对第一阵列响应因子进行辐射功率归一化处理，得到参考波束的第一辐射因子，对第二阵列响应因子进行辐射功率归一化处理，得到参考波束的第二辐射因子；对第一辐射因子和第二辐射因子进行归一化处理，得到参考光束的光束码本；对所获得的参考光束的光束码本进行旋转处理，得到目标光束中除参考光束之外的一个或多个其他光束的光束码本。通过实现本发明的实施例，可以使用所有波束信号信道，并且降低了硬件实现难度。

申请日：2013-05-08

授权日：2017-01-04

IPC 主分类号（大组）：H04B7

简单同族成员数量：8

被引用专利数量：2

被引用专利：KR101894240B1　WO2018190495A1

预估到期日：2033-05-08

[标] 当前申请（专利权）人：华为技术有限公司　北京邮电大学

[标] 原始申请（专利权）人：华为技术有限公司　北京邮电大学

发明人：刘　培　杜广龙　邹卫霞

法律状态/事件：授权

简单法律状态：有效

$ 1 130 000　♦♦♦♦♦

26/100分	69/100分	62.47/100分	53/100分	22.55/100分
市场吸引力	市场覆盖	技术质量	申请人得分	法律得分
市场吸引力着重从商业角度考量多少活跃的竞争对手，以及公司在不同技术领域创新的多样性。涉及的技术领域越多样，市场吸引力越大	市场覆盖着重研究专利的市场规模，包括专利覆盖的市场大小，受专利保护的国家/地区。它反映了受法律保护的发明技术以及FTO(Freedom to Operate)的市场规模	技术质量着重研究技术挖掘的难易度，设计能力，专利功能对于产品/服务的重要性，用于考量公司专利的创新程度	申请人得分考量公司整体研发人员的技术实力。大公司在研发阶段会投入较高的研发经费，并且这些公司对现有市场和潜在市场的影响力较大，可能成为日后行业的标杆	从专利经历的法律事件来评估专利的法律效力。法律得分研究的是优先权期限，权利要求的广度和深度，权利要求的质量及其稳定性

图 3-8　北京邮电大学高价值专利分析

高价值专利 8

公开（公告）号：CN101159923B

申请号：CN200710188126.6

标题（译）：业务处理方法及系统、SIP应用接入网关模块

摘要（译）：本发明实施例公开一种业务处理方法，包括设置会话发起协议SIP应用接入网关模块，还包括所述SIP应用接入网关模块接收发送方的业务消息，根据业务消息类型判断是否需要与增值业务管理平台进行交互；若是，则在

进一步判断出需要进行鉴权/计费时，请求所述增值业务管理平台进行响应处理，并根据所述增值业务管理平台的响应处理结果确定是否转发所述业务消息到接收方。相应地，本发明实施例还提供一种业务处理系统及 SIP 应用接入网关模块。本发明实施例技术方案能够在处理 IMS 业务时提供鉴权功能，并确保处理 IMS 业务时计费的可信度。

申请日：2007-11-09

授权日：2010-12-08

IPC 主分类号（大组）：H04L29

简单同族成员数量：8

被引用专利数量：0

被引用专利：

预估到期日：2027-11-09

[标] 当前申请（专利权）人：华为技术有限公司　北京邮电大学

[标] 原始申请（专利权）人：华为技术有限公司　北京邮电大学

发明人：李晓峰　乔秀全　马莉　史欣

法律状态/事件：授权

简单法律状态：有效

$ 1 020 000　♥♥♥♥♡

36/100分	43/100分	54.71/100分	54/100分	38.11/100分
市场吸引力	市场覆盖	技术质量	申请人得分	法律得分
市场吸引力着重从商业角度考量有多少活跃的竞争对手，以及公司在不同技术领域创新的多样性。涉及的技术领域越多样，市场吸引力越大	市场覆盖着重研究专利的市场规模，包括专利覆盖的市场大小，受专利保护的国家/地区。它反映了受法律保护的发明技术以及FTO(Freedom to Operate)的市场规模	技术质量着重研究技术挖掘的难易度，设计能力，专利功能对于产品/服务的重要性，用于考量公司专利的创新程度	申请人得分考量公司整体研发人员的技术实力。大公司在研发阶段会投入较高的研发经费，并且这些公司对现有市场和潜在市场的影响力较大，可能成为日后行业的标杆	从专利经历的法律事件来评估专利的法律效力。法律得分研究的是优先权期限，权利要求的广度和深度，权利要求的质量及其稳定性

图 3-9　北京邮电大学高价值专利分析

高价值专利 9

公开（公告）号：CN105122764B

申请号：CN201480001636.6

标题：一种视频数据传输的方法以及相关设备

摘要：本发明实施例公开一种视频数据传输的方法以及相关设备，其中，所述方法可以包括：当基站接收到选择装置发送的选择结果信息和测量配置信息时，所述基站根据所述选择结果确定本基站为主基站；所述基站通过所述测量配置信息获取信道质量信息；所述基站根据所述信道质量信息以及从传输转换装置中获取到的视频业务信息生成决策信息，并将所述决策信息发送到所述传输转换装置，以使所述传输转换装置根据所述决策信息通知单播业务网元控制视频数据单播传输和/或通知组播业务网元控制视频数据组播传输。采用本发明可以使 DASH 服务进行单播、组播混合传输，从而可以更好地利用网络带宽等无线资源，使用户得到更优的视频质量。

申请日：2014-02-22

授权日：2018-08-14

IPC 主分类号（大组）：H04L29

简单同族成员数量：11

被引用专利数量：0

被引用专利：

预估到期日：2034-02-22

[标] 当前申请（专利权）人：华为技术有限公司　北京邮电大学

[标] 原始申请（专利权）人：华为技术有限公司　北京邮电大学

发明人：李志明　龚向阳　张士菊　赵敏丞　尚政　韦安妮

法律状态/事件： 授权　权利转移

简单法律状态： 有效

$ 920,000

33.51/100分	68/100分	64.64/100分	47/100分	22.58/100分
市场吸引力	市场覆盖	技术质量	申请人得分	法律得分
市场吸引力着重从商业角度考量有多少活跃的竞争对手，以及公司在不同技术领域创新的多样性。涉及的技术领域越多样，市场吸引力越大	市场覆盖着重研究专利的市场规模，包括专利覆盖的国家/地区。它反映了受法律保护的发明技术以及FTO(Freedom to Operate)的市场规模	技术质量着重研究技术挖掘的难易度，设计能力，专利功能对于产品/服务的重要性，用于考量公司专利的创新程度	申请人得分考量公司整体研发人员的技术实力。大公司在研发阶段会投入较高的研发经费，并且这些公司对现有市场和潜在市场的影响力较大，可能成为日后行业的标杆	从专利经历的法律事件来评估专利的法律效力。法律得分研究的是优先权期限，权利要求的广度和深度，权利要求的质量及其稳定性

图 3-10　北京邮电大学高价值专利分析

高价值专利 10

公开（公告）号： US9287939

申请号： US13/896448

标题（译）： 基于遗传算法的时间表和资源分配联合优化方法

摘要（译）： 本发明涉及无线通信技术领域，提出了一种基于遗传算法的调度和资源分配联合优化方法，应用于 CoMP 通信系统。该方法包括以下步骤：S1，编码染色体。S2，初始化设置。S3，计算适应值。S4，确定最优解是否优于精英：如果是，则更新精英并执行 S5；如果否，则转到 S5。S5，判断是否产生了预定的一组人口，若否，则执行 S6，否则，转至 S8；S6，参与再生过程，产生两个后代染色体个体。S7，判断是否已生成预定数量的后代染色体个体，如果是，则转向 S3 再次计算；否则继续复制。S8，根据与精英对应的解决方案执行调度和资源分配。在满足调度限制和功率限制的情况下，该方法可以通过统一调度和资源分配，以较低的计算复杂度有效地优化系统性能。

申请日：2013-05-17

授权日：2016-03-15

IPC 主分类号（大组）：H04B7

简单同族成员数量：5

被引用专利数量：1

被引用专利：US10542961

预估到期日：2034-05-06

[标] 当前申请（专利权）人：北京邮电大学

[标] 原始申请（专利权）人：徐晓东　陶晓峰　王　娜　崔琪楣　张　平　陈　新

发明人：徐晓东　陶晓峰　王娜　崔琪楣　张平　陈新

法律状态/事件：未缴年费　权利转移

简单法律状态：失效

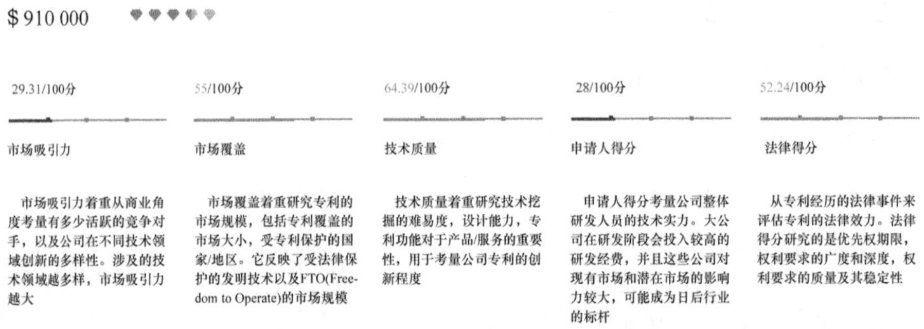

$ 910 000　　♦♦♦♦

29.31/100分	55/100分	64.39/100分	28/100分	52.24/100分
市场吸引力	市场覆盖	技术质量	申请人得分	法律得分
市场吸引力着重从商业角度考量有多少活跃的竞争对手，以及公司在不同技术领域创新的多样性。涉及的技术领域越多样，市场吸引力越大	市场覆盖着重研究专利的市场规模，包括专利覆盖的市场大小，受专利保护的国家/地区。它反映了受法律保护的发明技术以及FTO(Freedom to Operate)的市场规模	技术质量着重研究技术挖掘的难易度，设计能力，专利功能对于产品/服务的重要性，用于考量公司专利的创新程度	申请人得分考量公司整体研发人员的技术实力。大公司在研发阶段会投入较高的研发经费，并且这些公司对现有市场和潜在市场的影响力较大，可能成为日后行业的标杆	从专利经历的法律事件来评估专利的法律效力。法律得分研究的是优先权期限，权利要求的广度和深度，权利要求的质量及其稳定性

图 3-11　北京邮电大学高价值专利分析

3.4　北京邮电大学重点关注专利

重点专利的筛选方式有很多，可以从多个维度进行筛选、分析，如专利价值、专利被引用次数、专利家族规模等。由于已在上面对专利价值做了重点分析,本节从专利被引用次数和专利家族规模、专利权利要求进行分析。根据专利被引用次数可以识别哪些专利已被广泛应用,这些专利更具影响力并且代表着公司的核心创新技术。

专利引文信息作为当前专利情报分析的主要手段之一,其记载的主要信息有:某篇专利中的技术被企业引用的情况,这充分披露了目前在研相关技术的企业有哪些,因此如果能充分利用被引证的企业信息,可以提高专利运营的匹配度,增加专利转移转化的概率。

表3-3 北京邮电大学高被引专利Top10

专利	被引用	标题	公开(公告)日	[标]当前申请(专利权)人
CN101969391A	145	一种支持融合网络业务的云平台及其工作方法	2011/02/09	北京邮电大学
CN103023618A	100	一种任意码长的极化编码方法	2013/04/03	北京邮电大学
CN102083138A	95	一种D2D用户对可同时复用多个蜂窝用户资源的方法	2011/06/01	北京邮电大学
CN102611785A	88	面向手机的移动用户个性化新闻主动推荐服务系统及方法	2012/07/25	北京邮电大学
CN103024911A	87	蜂窝与D2D混合网络中,终端直通通信的数据传输方法	2013/04/03	北京邮电大学
CN102164025A	83	基于重复编码和信道极化的编码器及其编译码方法	2011/08/24	北京邮电大学
CN101848236A	81	具有分布式网络架构的实时数据分发系统及其工作方法	2010/09/29	北京邮电大学
CN101630361A	78	一种基于车牌、车身颜色和车标识别的套牌车辆识别设备及方法	2010/01/20	北京弗雷赛普科技发展有限公司、北京邮电大学
CN102202330A	75	蜂窝移动通信系统的覆盖自优化方法	2011/09/28	北京邮电大学
CN101436967A	74	一种网络安全态势评估方法及其系统	2009/05/20	北京邮电大学

表 3-4 北京邮电大学专利家族规模 Top10

专利	专利家族规模	标题	公开（公告）日	[标]当前申请（专利权）人
CN105122764B	47	一种视频数据传输的方法以及相关设备	2018/08/14	华为技术有限公司、北京邮电大学
CN104301027B	13	在光突发交换环网中实现自动保护倒换的方法、系统及节点	2018/10/26	中兴通讯股份有限公司、北京邮电大学
CN104348551B	12	一种光突发传送环网的动态带宽调度方法和装置	2018/12/28	中兴通讯股份有限公司、北京邮电大学
CN104348754B	12	一种光突发环网的带宽分配方法和装置	2019/08/23	中兴通讯股份有限公司、北京邮电大学
EP2632101B1	11	广播定位信号的生成方法和装置及定位方法	2020/04/15	北京首科信通新科技有限责任公司、北京邮电大学
CN103200058B	9	数据处理方法、协调器和节点设备	2016/03/30	华为技术有限公司、北京邮电大学
CN104253674B	9	反馈 CSI 的方法、调度 UE 的方法、UE 及基站	2017/12/29	华为技术有限公司、北京邮电大学
EP2874326B1	9	波束码本生成方法、波束搜索方法和相关设备	2017/01/04	华为技术有限公司、北京邮电大学
CN101159923B	8	业务处理方法及系统、SIP 应用接入网关模块	2010/12/08	华为技术有限公司、北京邮电大学
EP2925072B1	8	节点调度方法和装置	2019/03/13	华为技术有限公司、北京邮电大学

表 3-5 北京邮电大学权利要求专利 Top 10

专利	权利要求数量	标题	公开（公告）日	[标]当前申请（专利权）人
CN106211241B	55	干扰处理装置、基站、用户设备及干扰处理系统和方法	2019/11/01	华为技术有限公司、北京邮电大学
CN103415082B	50	车载无线通信信道接入方法、基站单元和车载移动终端	2017/02/08	北京邮电大学

续 表

专利	权利要求数量	标题	公开（公告）日	[标]当前申请（专利权）人
CN101179841B	48	一种在中继系统中的扫描方法、系统及中继站	2010/08/25	华为技术有限公司、北京邮电大学
CN105122764B	48	一种视频数据传输的方法以及相关设备	2018/08/14	华为技术有限公司、北京邮电大学
CN111050166A	46	预测模式确定方法、设备及计算机可读存储介质	2020/04/21	咪咕视讯科技有限公司、北京邮电大学
CN101141307B	40	一种应用于通信系统的基于策略管理的方法及系统	2011/08/31	北京邮电大学
WO2020034124A1	40	传输过程中的退避方法、装置、设备、系统及存储介质	2020/02/20	北京小米移动软件有限公司、北京邮电大学
CN101388872B	39	数据信号调制、解调方法以及收发机和收发系统	2012/08/29	华为技术有限公司、北京邮电大学
CN110574321A	38	数据传输方法及传输装置、通信设备及存储介质	2019/12/13	北京小米移动软件有限公司、北京邮电大学
CN103686744B	37	资源分配方法、宏基站、微微基站和通信系统	2017/12/15	北京邮电大学

3.5 北京邮电大学高引用专利分析

3.5.1 高引用专利Top10详情

高引用专利1

公开（公告）号：CN101969391A

申请号：CN201010527644.8

标题：一种支持融合网络业务的云平台及其工作方法

摘要：一种支持融合网络业务的云平台及其工作方法，该云平台设有多种硬件与软件资源，并通过三网运营商的三个核心网与相应的通信协议，分别连接电信网、互联网和广电网的三个接入网，以供平台用户（包括三网运营商或业务提供商等）根据各自需要租用这些平台资源来部署各自业务和运营能力。该云平台采用分层结构，自上向下分别设有平台管理层、业务执行层、资源虚拟化与管理层和硬件资源层，各层之间的交互方式采用上层模块以接口调用的形式使用下层模块提供的功能。该云平台支持平台用户根据实际需求对其所租用的资源进行动态调整，同时提供对三网资源的访问能力，为平台用户开发和运营融合网络业务提供方便。

申请日：2010-10-27

授权日：

IPC 主分类号（大组）：H04L12

被引用专利：CN102254101A　CN102254101B　CN102256375B

CN102270157A	CN102271162A	CN102300184B	CN102325074A
CN102347959A	CN102347959B	CN102368783A	CN102368783B
CN102394931A	CN102404616A	CN102427443A	CN102427443B
CN102427473A	CN102427473B	CN102497404A	CN102497404B
CN102542418A	CN102571916A	CN102571916B	CN102594919A
CN102594919B	CN102622304A	CN102624919A	CN102638567A
CN102638567B	CN102647464A	CN102647464B	CN102655532A
CN102655532B	CN102694667A	CN102789398A	CN102843418A
CN102843418B	CN102916930A	CN102916930B	CN102932399A
CN102932399B	CN102946428A	CN102970332A	CN102972088A
CN102972088B	CN103036916A	CN103096030A	CN103124219A

CN103124219B	CN103124409A	CN103124409B	CN103124436A
CN103124436B	CN103139183A	CN103257683A	CN103259688A
CN103260050A	CN103260050B	CN103281407A	CN103281407B
CN103377092A	CN103383689A	CN103414577A	CN103414577B
CN103491155A	CN103503376A	CN103503376B	CN103532808A
CN103532808B	CN103562867A	CN103729229A	CN103731439A
CN103744714A	CN103746886B	CN103747023A	CN103812789A
CN103905234A	CN103973803A	CN103973803B	CN104022831A
CN104022831B	CN104106051A	CN104125292A	CN104169900A
CN104169900B	CN104219534A	CN104301404A	CN104301404B
CN104429121A	CN104506632A	CN104506632B	CN104539558A
CN104539558B	CN104572239A	CN104811328A	CN104811328B
CN104900074A	CN104900074B	CN104901919A	CN104954400A
CN105122233A	CN105122233B	CN105208053A	CN105227382A
CN105281955A	CN105281955B	CN105405089A	CN105471990A
CN105471990B	CN105472416A	CN105677304A	CN105764097A
CN105940377A	CN105940377B	CN105991313A	CN106056351A
CN106254459A	CN106559389A	CN106603690A	CN106790567A
CN107070981A	CN107070981B	CN107147683A	CN107358400A
CN107426034A	CN107479984A	CN107545186A	CN107545186B
CN107925612A	CN108228775A	CN108683729A	EP2728962B1
EP2773145B1	EP2784985B1	EP3273719A1	US10481921	US10616804
US9439243	US9635097	WO2012167496A1	WO2013071896A1
WO2013097147A1	WO2014190510A1	WO2015184814A1	WO2016154785A1
WO2018161220A1			

被引用专利数量：145

预估到期日：2030-10-27

[标]**当前申请（专利权）人**：北京邮电大学

[标]**原始申请（专利权）人**：北京邮电大学

发明人：赵耀 邹华 杨放春 李晓亮 孙其博 刘志晗 闫丹凤 林荣恒

专利类型：发明申请

简单法律状态：失效

许可人：

被许可人：

高引用专利 2

公开（公告）号：CN103023618A

申请号：CN201310011129.8

标题：一种任意码长的极化编码方法

摘要：一种任意码长的极化编码方法，是在构造极化码时，若码长不为 2 的幂次，则用一组容量为零的虚拟信道将信道数补齐到 2 的幂次，然后按照容量等分原则对各个信道进行交织映射，再对所得到的信道进行极化变换，并在变换后的信道中，根据设计的码率选择信道容量较大的信道用于传输信息比特序列，剩余的信道则用于传输一个收发端都已知的固定比特序列。本发明使得极化编码允许码长为任意正整数，并可以适用于多载波及高阶调制系统，通过增加凿孔操作，使编码器输出的编码比特序列为任意长度；通过信道交织映射，使极化编码能适应并行信道的不同子信道，获得较好抗噪性能；使本发明大大提高极化码用于实际数字通信系统时的灵活性，有很好的应用前景。

申请日：2013-01-11

授权日：

IPC 主分类号（大组）：H04L1

被引用专利：CN104539393A CN104539393B CN105049064A

CN105049064B	CN105075163B	CN105164959A	CN105164959B
CN105281814A	CN105453466A	CN105453466B	CN105656604A
CN105656604B	CN105897379A	CN105897379B	CN106100794A
CN106100794B	CN106130656A	CN106130656B	CN106253913A
CN106253913B	CN106685434B	CN106998208A	CN107005690A
CN107005690B	CN107113090A	CN107113090B	CN107210845A
CN107222293A	CN107431559A	CN107431559B	CN107682121A
CN108242968A	CN108242968B	CN108599891A	CN108599900A
CN108599900B	CN108631945A	CN108631945B	CN108667568A
CN108809486A	CN108809500A	CN108833050A	CN108880737A
CN109194421A	CN109274460A	CN109314524A	CN109361402A
CN109361402B	EP3079290B1	EP3113387B1	EP3217662B1	JP2017512004A
JP2018504011A	JP6468526B2	RU2679223C2	RU2716739C1	US10020913
US10148289	US10326555	US10341044	US10361815	US10374754
US10389483	US10419161	US10439759	US10505671	US10505674
US10511329	US10516417	US10523368	US10567011	US10574269
US10579452	US10608786	WO2015066925A1	WO2015074192A1
WO2015100561A1	WO2015123855A1	WO2015139297A1	WO2016082142A1
WO2016172937A1	WO2017101631A1	WO2017194012A1	WO2017215494A1
WO2018028335A1	WO2018028351A1	WO2018127041A1	WO2018127172A1
WO2018127206A1	WO2018137568A1	WO2018145242A1	WO2018153260A1
WO2018166455A1	WO2018171682A1	WO2018202140A1	WO2018228380A1

WO2018228592A1　WO2019019852A1　WO2019024842A1　WO2019028829A1

被引用专利数量：100

预估到期日：2033-01-11

[标] 当前申请（专利权）人：北京邮电大学

[标] 原始申请（专利权）人：北京邮电大学

发明人：牛凯　陈凯

专利类型：发明申请

简单法律状态：失效

许可人：

被许可人：

高引用专利3

公开（公告）号：CN102083138A

申请号：CN201110007244.9

标题：一种D2D用户对可同时复用多个蜂窝用户资源的方法

摘要：本发明提供的技术方案应用于移动通信的蜂窝网络中，将端到端（Device-to-Device，D2D）技术应用于蜂窝网络，允许D2D用户对同时复用多个蜂窝网络用户的资源进行通信，并从这种方案和传统方案中选择能使系统数据速率最大的模式来进行资源共享。本发明提出的方案不会对某个蜂窝用户造成很大的干扰，而且在实际中易于实现，应用方式也比较灵活。本发明通过在具有D2D通信的蜂窝网络中，提出一种单个D2D用户对可以同时复用多个蜂窝用户资源的方法，它可以在保证蜂窝用户最低通信速率的条件下，提高系统整体（包括蜂窝通信和D2D通信）的频谱效率。本发明提出的方法具有很强的实际可操作性。

申请日：2011-01-14

授权日：

IPC 主分类号（大组）： H04W28

被引用专利： CN102638893A CN102638893B CN102780993A

CN102780993B	CN102970758A	CN102970758B	CN103024913A
CN103024913B	CN103220724A	CN103220724B	CN103260244A
CN103260244B	CN103369681A	CN103369681B	CN103379654A
CN103379654B	CN103517347A	CN103517347B	CN103533529A
CN103533529B	CN103619024A	CN103619024B	CN103634778A
CN103634778B	CN103748943A	CN103796317A	CN103796317B
CN103916968A	CN104010275A	CN104010275B	CN104066184A
CN104066184B	CN104247535A	CN104303582A	CN104349478A
CN104349478B	CN104396201A	CN104396201B	CN104541567A
CN104541567B	CN104796990A	CN104796990B	CN104854935A
CN104854935B	CN104918207A	CN104918207B	CN104918257A
CN104918257B	CN104954975A	CN104954975B	CN104994507A
CN104994507B	CN105075371A	CN105144811A	CN105578502A
CN105578502B	CN105722236A	CN105722236B	CN105916197A
CN105916197B	CN106063356A	CN106162855A	CN106162855B
CN106233780A	CN106465338A	CN106465338B	CN106572497A
CN106572497B	CN106576316A	CN106792467A	CN106792467B
CN106797645A	EP2836039B1	JP2016503974A	JP6038348B2	TWI499344B
US10009859	US10292172	US20170006649A1	US9635697	US9693378
US9832781	US9955514	WO2013155920A1	WO2013163859A1
WO2013189367A2	WO2013189367A3	WO2014089745A1	WO2014117377A1
WO2015007058A1	WO2015062034A1	WO2015096024A1	WO2015113398A1

WO2015180170A1　WO2019037555A1

被引用专利数量：95

预估到期日：2031-01-14

[标] **当前申请（专利权）人**：北京邮电大学

[标] **原始申请（专利权）人**：北京邮电大学

发明人：陈力　王彬　陈晓航　张欣　常永宇　杨大成

专利类型：发明申请

简单法律状态：有效

许可人：

被许可人：

高引用专利 4

公开（公告）号：CN102611785A

申请号：CN201110023436.9

标题：面向手机的移动用户个性化新闻主动推荐服务系统及方法

摘要：本发明公开了一种面向手机的移动用户个性化新闻主动推荐服务系统，包括兴趣获取模块、位置获取模块、兴趣模型更新模块和主动推荐服务处理模块。其中，兴趣获取模块用于确定出用户对新闻的偏好度；位置获取模块用于根据对用户移动终端的定位信息，确定用户的当前位置；兴趣模型更新模块用于对用户当前的新闻偏好度进行更新；主动推荐服务处理模块用于为按设定算法为用户推荐新闻。本发明同时公开了一种面向手机的移动用户个性化新闻主动推荐服务方法。本发明能为用户推荐更适合于用户需求的新闻信息，真正实现了个性化的新闻推荐服务，使用户不必频繁翻动网页即可获取最适合自己兴趣的新闻内容。

四 评估过程

申请日：2011-01-20

授权日：

IPC 主分类号（大组）：H04M1

被引用专利：CN102917309A　CN102917310A　CN102930052A

CN103106259A	CN103106259B	CN103246725A	CN103399965A
CN103559269A	CN103577544A	CN103577544B	CN103684969A
CN103745384A	CN103745384B	CN103854204A	CN103870469A
CN103870469B	CN103873584A	CN103891245A	CN103914465A
CN103970764A	CN104063457A	CN104090921A	CN104090921B
CN104090990A	CN104090990B	CN104102648A	CN104102648B
CN104133906A	CN104133906B	CN104182443A	CN104239466A
CN104252478A	CN104252478B	CN104615625A	CN104615625B
CN104639664A	CN104731917A	CN104731917B	CN105022760A
CN105022760B	CN105069663A	CN105095508A	CN105447159A
CN105550317A	CN105574051A	CN105574051B	CN105677845A
CN105721944A	CN105808773A	CN106021577A	CN106021577B
CN106294497A	CN106294497B	CN106326244A	CN106354388A
CN106354551A	CN106383628A	CN106445961A	CN106471499A
CN106528704A	CN106547423A	CN106649780A	CN106686086A
CN106878359A	CN106878405A	CN106878405B	CN106934004A
CN106936864A	CN107590164A	CN108062415A	CN108090206A
CN108287857A	CN108629656A	CN109493117A	CN109525656A
US10013675	US10467255	US9716765	WO2014059652A1
WO2016000555A1	WO2017096832A1	WO2017128075A1	WO2017128076A1
WO2017128432A1	WO2017128433A1	WO2018023636A1	WO2018023637A1

WO2018023638A1　WO2018161719A1

被引用专利数量：89

预估到期日：2031-01-20

[标] 当前申请（专利权）人：北京邮电大学

[标] 原始申请（专利权）人：北京邮电大学

发明人：孟祥武　张玉洁　谢海涛　闫树奎　孙励钐

专利类型：发明申请

简单法律状态：失效

许可人：

被许可人：

高引用专利5

公开（公告）号：CN103024911A

申请号：CN201210505772.1

标题：蜂窝与D2D混合网络中终端直通通信的数据传输方法

摘要：一种蜂窝与D2D混合网络中终端直通通信的数据传输方法，包括下列操作步骤：(1) 在网络初始化时，为D2D通信的公共控制信道CCCH划分频谱资源，并规定D2D通信与蜂窝通信使用相同的帧结构；(2) 分配D2D通信的CCCH频谱，并定义该CCCH承载的信令和时序关系；(3) D2D通信开始前，D2D UE先获得蜂窝UE的上行资源分配信息，并根据该信息对这些分配资源上承载的信号进行测量，以获得各蜂窝UE对其干扰强弱的信息；(4) D2D UE传输数据时，首先利用公共控制信令及其时序关系进行交互而竞争蜂窝上行资源，然后根据测量的干扰信息进行无线资源管理决策后，才完成数据传输。本发明优点：操作简便，提高无线资源利用率，D2D数据传输更加高效，且可避免与蜂窝通信之间的干扰。

申请日：2012-11-30

授权日：

IPC 主分类号（大组）：H04W72

被引用专利：CN103179669A　CN103179669B　CN103415022A

CN103442442A　CN103442442B　CN103974288A　CN103974288B
CN104125610A　CN104125610B　CN104254130A　CN104254130B
CN104349485A　CN104349485B　CN104349498A　CN104349498B
CN104602179A　CN104935415A　CN104936294A　CN105230099A
CN105230099B　CN105323706A　CN105323706B　CN105325036A
CN105325036B　CN105337706A　CN105451211A　CN105451211B
CN105474716A　CN105474716B　CN105517156A　CN105517156B
CN105578493A　CN105637927A　CN105637927B　CN105637958A
CN105637960A　CN105637960B　CN105657835A　CN105657835B
CN105684536A　CN105993200A　CN106211177A　CN106211177B
CN106416095A　CN106416095B　CN106465388A　CN106559130A
CN106559130B　CN106716910A　CN107113108A　CN107113108B
CN107148799A　CN107302746A　CN107787593A　EP2925071B1
US10039110　US10091768　US10142861　US10154510　US10159001
US10230503　US10440684　US10517057　US10582466　US10624101
US9385854　US9801220　US9907056　WO2014176972A1　WO2014177008A1
WO2014180383A1　WO2014183344A1　WO2014194801A1　WO2014198135A1
WO2015035604A1　WO2015062020A1　WO2015062073A1　WO2015062528A1
WO2015109805A1　WO2015139388A1　WO2015139391A1　WO2015169004A1
WO2016019850A1　WO2016044978A1　WO2016045443A1　WO2017020728A1

WO2017054545A1

被引用专利数量：87

预估到期日：

[标]**当前申请（专利权）人**：北京邮电大学

[标]**原始申请（专利权）人**：北京邮电大学

发明人：彭涛　漆渊　刘子扬

专利类型：发明申请

简单法律状态：失效

许可人：

被许可人：

高引用专利 6

公开（公告）号：CN102164025A

申请号：CN201110095258.0

标题：基于重复编码和信道极化的编码器及其编译码方法

摘要：一种基于重复编码和信道极化的编码器及其编译码方法，该编码器包括两个结构相同的编码模块，每个编码模块设有一个输出端口数为 $m \times L$ 的重复编码器组（由 L 个顺序排列的重复次数为 m 的重复编码器构成）、一个长度为 N 的比特位置映射器和一个长度为 N 的信道极化装置，该两个编码模块藉由位于重复编码器与比特位置映射器之间的编码模式选择器连接为一体。本发明在该编码器基础上，提出在信道极化过程中嵌入重复码进行信道编码和译码的具体方法，相比目前现有技术的有限长度极化码，本发明编译码方法在几乎未增加译码复杂度的前提下，纠错能力更强，明显提升传输性能；特别适合应用于移动通信、卫星通信、水下通信等实际工程系统，具有很好的推广应用前景。

四 评估过程

申请日：2011-04-15

授权日：

IPC 主分类号（大组）：H04L1

被引用专利：CN102446559A CN102546496A CN102694625A

CN102694625B CN103023618A CN103023618B CN103414540A
CN103516476A CN103516476B CN103684477A CN103684477B
CN104079382A CN104079382B CN104219019A CN104539393A
CN104539393B CN105049061A CN105049061B CN105141322A
CN105141322B CN105680883A CN105680883B CN105743621A
CN105743621B CN106253913A CN106253913B CN106452460A
CN106877973A CN106877973B CN106899379A CN106899379B
CN107078748A CN107124188A CN107210845A CN107431559A
CN107431559B CN107437976A CN107733562A CN107819545A
CN108667568A CN108667568B CN108833050A CN108833050B
CN108880566A CN108880737A CN108964834A CN109245857A
EP2899911B1 EP3089390B1 EP3364542A4 RU2610251C2 RU2677589C2
RU2682017C1 TWI678891B US10243592 US10320422 US10326553
US10341048 US10348328 US10389483 US10419161 US10425186
US10439759 US10511329 US10516417 US10523368 US10554224
US10574401 US20140108748A1 US9239778 US9479291 US9966973
WO2014044072A1 WO2014180301A1 WO2015109472A1 WO2016141544A1
WO2017097098A1 WO2017193281A1 WO2018046011A1 WO2018120862A1
WO2018137568A1 WO2018145284A1 WO2019024086A1

被引用专利数量：83

预估到期日：2031-04-15

［标］当前申请（专利权）人：北京邮电大学

［标］原始申请（专利权）人：北京邮电大学

发明人：牛凯　陈凯

专利类型：发明申请

简单法律状态：失效

许可人：

被许可人：

高引用专利 7

公开（公告）号：CN101848236A

申请号：CN201010163628.5

标题：具有分布式网络架构的实时数据分发系统及其工作方法

摘要：具有分布式网络架构的实时数据分发系统及其工作方法，该系统在因特网和移动网中采用发布/订阅通信机制传递信息，系统包括：完成主题存储及主题匹配等操作的服务器子系统，完成从终端接收主题、向订阅者转发匹配事件、提交发布/订阅主题等操作的代理子系统，完成用户发布/订阅信息的终端子系统，以及存储发布/订阅消息及系统信息的分布式数据库。该系统能够自动、迅速、安全地为用户订阅信息提供实时数据传输服务，能够提供文本信息、流媒体、地理位置信息等多种类型数据的发布/订阅服务，能够提供多达 20 种 QoS 控制参数，以实现应用层的 QoS 分级配置，为数据分发系统的功能拓展提供了便利。

申请日：2010-05-06

授权日：

IPC 主分类号（大组）：H04L29

被引用专利：CN101969475A CN102098338A CN102314487A
CN102497280A CN102497280B CN102685173A CN102685173B
CN102761581A CN102761581B CN102780606A CN102880699A
CN102958009A CN102958009B CN103297477A CN103297477B
CN103336802A CN103336802B CN103404087A CN103404087B
CN103414703A CN103414703B CN103765408A CN103765408B
CN103946804A CN103946804B CN104158625A CN104158625B
CN104243606A CN104243606B CN104283727A CN104283727B
CN104378783A CN104539583A CN104539583B CN104601581A
CN104601581B CN104836723A CN105139270A CN105260479A
CN105260479B CN105553682A CN105577736A CN105577736B
CN105580011A CN105580011B CN105610981A CN105979498A
CN105979498B CN106375328A CN106375328B CN106385435A
CN106411972A CN106533871A CN106843181A CN107038036A
CN107113341A CN107113341B CN107205050A CN107229639A
CN107302551A CN107317802A CN107566509A CN107809489A
CN107896230A CN107968805A GB2505815A GB2505815B US10506047
US9246859 US9270755 US9614914 US9749416 WO2012139333A1
WO2012164414A1 WO2013029390A1 WO2014008764A1 WO2014036685A1
WO2016070628A1 WO2016112861A1 WO2017166484A1 WO2017214817A1

被引用专利数量：81

预估到期日：

[标] **当前申请（专利权）人**：北京邮电大学

[标] **原始申请（专利权）人**：北京邮电大学

发明人：高锦春 刘春旭 马晓雷 刘元安

专利类型：发明申请

简单法律状态：失效

许可人：

被许可人：

高引用专利 8

公开（公告）号：CN101630361A

申请号：CN200810246617.6

标题：一种基于车牌、车身颜色和车标识别的套牌车辆识别设备及方法

摘要：本发明公开了一种基于车身颜色、车牌和车标识别的套牌车辆自动识别设备及其方法。所述的设备包括：视频检测器、车牌定位器、车牌识别器、车身颜色识别器、车标定位器、车标识别器、数据库查询与报警装置等。根据车牌图像的局部边缘信息丰富的特点，该设备可以在捕获的图像中准确定位车牌，利用车牌的位置提取车身区域和车标的粗略位置，再根据提取的粗略位置准确地提取车身颜色和车标；接下来是车牌字符识别、车身颜色判断和车标识别，将此三项识别结果和数据库里的资料进行比对，可以查出是否为套牌车辆，如果是套牌车辆，可以自动报警，由执法人员拦截进行进一步核实。该设备结构化好，操作简单，判别精度高，而且人工设定参数少。该设备还可以应用于抓逃欠费车辆、被盗车辆或违章车辆等方面。

申请日：2008-12-30

授权日：

IPC 主分类号（大组）：G06K9

被引用专利：CN102024148A　CN102184413A　CN102419820A　CN102426786A　CN102426786B　CN102496003A　CN102509458A

CN102509458B	CN102521986A	CN102567380A	CN102693431A
CN102693431B	CN103021184A	CN103021184B	CN103049732A
CN103065142A	CN103065144A	CN103077384A	CN103077384B
CN103077392A	CN103077392B	CN103093194A	CN103093194B
CN103093202A	CN103093202B	CN103093205A	CN103093205B
CN103093206A	CN103246876A	CN103246876B	CN103365848A
CN103488973A	CN103488973B	CN103617735A	CN103617735B
CN103646454A	CN103838750A	CN103839043A	CN103985230A
CN103985230B	CN104021655A	CN104268501A	CN104268501B
CN104282147A	CN104321804A	CN104321804B	CN104391966A
CN104715252A	CN104715252B	CN104715614A	CN104715616A
CN104715616B	CN105046255A	CN105205486A	CN105205486B
CN105279475A	CN105320705A	CN105320705B	CN105448105A
CN105574485A	CN105654733A	CN105654733B	CN106205143A
CN106228179A	CN106251635A	CN106297305A	CN106358019A
CN106778648A	CN106778648B	CN106855947A	CN106855947B
CN106960574A	CN106960574B	CN107133618A	CN107680385A

CN107680385B　CN108256541A　WO2017008412A1

被引用专利数量：78

预估到期日：

[标] **当前申请（专利权）人**：北京邮电大学　北京弗雷赛普科技发展有限公司

[标] **原始申请（专利权）人**：北京邮电大学　北京弗雷赛普科技发展有限公司

发明人：张洪刚　宋志敏　郭军

专利类型：发明申请

简单法律状态：失效

许可人：

被许可人：

高引用专利 9

公开（公告）号：CN102202330A

申请号：CN201110134571.0

标题：蜂窝移动通信系统的覆盖自优化方法

摘要：一种蜂窝移动通信系统的覆盖自优化方法，用于解决弱覆盖、导频污染和越区覆盖的问题。每个用户测量并向基站上报各自的 RSRP 和 SINR 参数值；基站收集本小区内所有用户上报的测量参数值，判断当前网络是否满足上述三种覆盖问题中的任一种触发条件，若满足，首先触发基于天线下倾角动态调整的覆盖自优化过程，根据预设方案调整下倾角来解决覆盖问题；若在下倾角可调范围内无法满足覆盖要求，根据覆盖的具体场景和用户类型继续调整天线方位角、波束宽度或下调基站发送功率；若以上措施仍然不能解决覆盖问题，则转入覆盖和容量自优化过程。各小区按照上述流程周期性地发起多次覆盖自由化操作，节省了人工优化需要耗费的人力物力，降低了维护成本。

申请日：2011-05-23

授权日：

IPC 主分类号（大组）：H04W24

被引用专利：CN102387511A CN102387511B CN102547762A
CN102547762B   CN102547765A   CN102547765B   CN102625326A
CN102625326B   CN102740336A   CN102740336B   CN102892124A

CN102892124B	CN103167507A	CN103167507B	CN103167536A
CN103167536B	CN103476041A	CN103476041B	CN103596193A
CN103596193B	CN103686762A	CN103686762B	CN103686767A
CN103716800A	CN103716800B	CN103763734A	CN103763734B
CN103974273A	CN103974273B	CN104320788A	CN104320788B
CN104335500A	CN104335500B	CN104410978A	CN104519505A
CN104519505B	CN104540145A	CN104540145B	CN104853379A
CN104853379B	CN104936205A	CN104936205B	CN104969645A
CN104969645B	CN105208578A	CN105451249A	CN105451249B
CN105657744A	CN105850171A	CN106937300A	CN106937300B
CN106982436A	CN106982436B	CN107113635A	CN107113635B
CN107135117A	CN107135117B	CN108076468A	CN109391961A
CN110351742A	EP3225046A4	EP3225046B1	JPWO2013089057A1
US10264471	US10327159	US10382979	US9578530	US9769689
US9960839	WO2013107213A1	WO2015042965A1	WO2016091171A1
WO2016095826A1	WO2018086445A1	WO2019029017A1	

被引用专利数量：75

预估到期日：2031-05-23

[标] 当前申请（专利权）人：北京邮电大学

[标] 原始申请（专利权）人：北京邮电大学

发明人：彭木根　陈俊　王文博

专利类型：发明申请

简单法律状态：有效

许可人：

被许可人：

高引用专利 10

公开（公告）号：CN101436967A

申请号：CN200810240733.7

标题：一种网络安全态势评估方法及其系统

摘要：该网络安全态势评估方法及其系统为"两面三层"架构，设有对该系统中各功能模块执行统一协调管理的公共服务面和系统管理面，以及按照业务逻辑处理流程划分的采集层、分析层和展示层，用于完成资产、脆弱性、威胁和安全态势的四个评估操作；并基于网络中的业务运营特点，结合现有的风险评估方法、流程和安全检测工具，提出一套新颖、动态、实时的评估方法。本发明能分析网络中的资产、业务和整个网络的风险，并进行安全态势评估。该系统能从宏观上提供整体网络的安全状态，并能深入具体业务和资产，了解具体的安全问题，有效帮助网络安全人员分析安全问题的根源，从而辅助性提出安全解决方案和实施防御措施。

申请日：2008-12-23

授权日：

IPC主分类号（大组）：H04L12

被引用专利：CN102143085A CN102143085B CN102143179A

CN102354310A	CN102457411A	CN102546641A	CN102546641B
CN102566546A	CN102594607A	CN102594607B	CN102624696A
CN102624696B	CN102739649A	CN102739649B	CN102955902A
CN102955902B	CN102970188A	CN102970188B	CN103078852A
CN103078852B	CN103166794A	CN103259778A	CN103260190A
CN103260190B	CN103401711A	CN103401711B	CN103748996B

CN103748999B	CN104299169A	CN104299169B	CN104363104A
CN104363104B	CN104394124A	CN104751235A	CN104767757A
CN104767757B	CN105208098A	CN105653958A	CN105653958B
CN105704119A	CN105704119B	CN105844169A	CN105871803A
CN106022630A	CN106559414A	CN106559414B	CN106713333A
CN106789955A	CN106789955B	CN106790198A	CN106973045A
CN107094158A	CN107147515A	CN107153596A	CN107196910A
CN107196910B	CN107332698A	CN107343010A	CN107343010B
CN107371384A	CN107454089A	CN107493187A	CN107995225A
CN108200045A	CN108418722A	CN108494787A	CN108494806A
CN108683663A	CN108696529A	CN108833372A	CN108881250A
CN110430158A	CN110460459A	WO2015070466A1	

被引用专利数量：74

预估到期日：

［标］当前申请（专利权）人：北京邮电大学

［标］原始申请（专利权）人：北京邮电大学

发明人：闫丹凤　孙其博　杨放春　王文彬　李沁

专利类型：发明申请

简单法律状态：失效

许可人：

3.5.2 近五年高引用专利 Top10 详情

高引用专利 1

公开（公告）号：CN104423553A

申请号：CN201310394842.5

标题：一种基于柔性屏幕的终端设备控制方法

摘要：本申请公开了一种基于柔性屏幕的终端设备控制方法，包括：终端设备检测用户对柔性屏幕执行的弯曲操作，所述弯曲操作包括弯曲位置和弯曲方向；所述终端设备根据预先设定的不同弯曲操作/弯曲操作组合和不同控制操作的对应关系，确定检测出的弯曲操作/弯曲操作组合对应的控制操作，并执行相应控制操作；其中，不同的弯曲操作，其弯曲位置和/或弯曲方向不同。应用本申请，能够利用柔性屏幕，实现对终端设备的控制。

申请日：2013-09-03

授权日：

IPC 主分类号（大组）：G06F3

被引用专利：CN105933775A CN106020646A CN106020668A
CN106060225A CN106445228A CN106557674A CN106648035A
CN106775351A CN106791450A CN107155004A CN107368251A
CN107480489A CN107480489B CN107562345A CN107589973A
CN107831993A CN107831993B CN107908350A CN108197441A
CN108345426A CN108462793A CN108475122A CN108848298A
CN109284055A WO2018119867A1

被引用专利数量：25

预估到期日：

[标] **当前申请（专利权）人**：北京三星通信技术研究有限公司　三星电子株式会社　北京邮电大学

[标] **原始申请（专利权）人**：北京三星通信技术研究有限公司　三星电子株式会社

发明人：唐明环　邹珣　崔高峰　王朝炜　王卫东

专利类型：发明申请

简单法律状态：审中

许可人：

被许可人：

高引用专利 2

公开（公告）号：WO2012062166A1

申请号：PCT/CN2011/081384

标题：协作多点通信中的协作小区集合建立方法

摘要：本发明公开了一种协作多点通信中的协作小区集合建立方法，包括步骤：协作多点通信进程的触发及启动；根据 UE 测量测量小区集合中各小区的信道状态信息确认候选协作小区集合；向确认的候选协作小区集合中的协作小区所属 eNodeB 发送协作小区集合建立请求；接收到协作小区集合建立请求的协作小区所属 eNodeB 向 UE 所在服务小区所属 eNodeB 对协作小区集合建立请求作出响应，向 UE 所在服务小区所属 eNodeB 发送协作小区集合建立响应；UE 所在服务小区所属 eNodeB 根据协作小区集合建立响应信息确定 UE 的协作小区集合；根据协作多点通信模式，共享协作小区集合所属 UE 的数据信息以及业务承载信息。本发明在保证协作多点联合传输的同时，减小了信息交互的时延并降低通信系统的开销和复杂度。

申请日：2011-10-27

授权日：

IPC 主分类号（大组）：H04W76

被引用专利：CN103999537A　CN104937967A　CN104937967B　EP2936864A4　EP3005774B1　JP2015537452A　JP2016509760A　JP6082122B2　JP6168320B2　US10034299　US10312971　US20150250013A1　US20150358102A1　US9755775　US9762344　US9883540　WO2015009130A1

被引用专利数量：17

预估到期日：

[标] 当前申请（专利权）人：北京邮电大学　陶晓峰　徐晓东　崔琪楣　张平　陈新　李红佳　王强　倪捷

[标] 原始申请（专利权）人：北京邮电大学　陶晓峰　徐晓东　崔琪楣　张平　陈新　李红佳　王强　倪捷

发明人：陶晓峰　徐晓东　崔琪楣　张平　陈新　李红佳　王强　倪捷

专利类型：发明申请

简单法律状态：未确认

许可人：

被许可人：

高引用专利 3

公开（公告）号：CN104301812A

申请号：CN201410483847.X

标题：一种光网络系统和网络功能虚拟化方法

摘要：本发明为了解决数据被映射到光网络时很难被处理的问题，基于 NFV

特性节点架构提出了一种实现网络功能虚拟化的方法和相对应的光网络系统。系统包括资源层、物理网络控制层、虚拟网络控制层和云层。本发明所述网络功能虚拟化方法包括云层向虚拟网络控制层提出虚拟网络建立请求、虚拟网络控制层选择虚拟网络节点的地理位置和光通道上的源宿节点、物理网络控制层依据当前的节点链路资源情况进行路由选择和波长分配构造虚拟网络节点、虚拟网络控制层通过 OpenFlow 协议和每个所述虚拟网络节点成功建立连接。本发明由于采取新的光网络架构，可以对传统 OTN 设备下的光网络中数据进行处理，很好地实现网络虚拟化功能。

申请日：2014-09-19

授权日：

IPC 主分类号（大组）：H04Q11

被引用专利：CN105072513A　CN105072513B　CN105515987A　CN105515987B　CN106161077A　CN106161077B　CN107786446A　CN107809687A　CN108141479A　CN109219941A　CN109314648A　WO2016169246A1　WO2017071279A1　WO2017166075A1　WO2017219361A1

被引用专利数量：15

预估到期日：

［标］当前申请（专利权）人：中国电力科学研究院信息通信研究所　北京邮电大学

［标］原始申请（专利权）人：中国电力科学研究院信息通信研究所　北京邮电大学

发明人：汪洋　李新　胡紫薇　丁慧霞　高强　赵永利　王强　张杰　杨辉

专利类型：发明申请

简单法律状态：审中

许可人：

被许可人：

高引用专利 4

公开（公告）号：CN106021305A

申请号：CN201610291350.7

标题：一种模式与偏好感知的POI推荐方法及系统

摘要：本发明公开了一种模式与偏好感知的POI推荐方法，所述方法包括：通过将GPS数据集中的地理位置信息转换为语义信息，考虑位置流行度与用户熟悉度，对用户的移动行为建模，并发现目标用户的潜在好友，从潜在好友的行为模型中挖掘出候选服务，给候选服务打分，从而为目标用户推荐前k个候选服务。本发明可以实现个性化的POI推荐，解决了实际环境中位置有限性与数据稀疏性问题，与此同时，利用移动轨迹描述方法反映用户的兴趣与偏好，进而提高系统可扩展性，为未来基于位置的社交网络中个性化路线推荐提供有益的解决思路。

申请日：2016-05-05

授权日：

IPC主分类号（大组）：G06F17

被引用专利：CN106649884A　CN107085599A　CN107169005A　CN107169015A　CN107784046A　CN108108749A　CN108108749B　CN108197241A　CN108197241B　CN108241630A　WO2018120424A1

被引用专利数量：11

预估到期日：

[标] **当前申请（专利权）人**：北京邮电大学

[标] **原始申请（专利权）人**：北京邮电大学

发明人：许长桥　关建峰　朱亮

专利类型：发明申请

简单法律状态：审中

许可人：

被许可人：

高引用专利 5

公开（公告）号：CN106202514A

申请号：CN201610580982.5

标题：基于 Agent 的突发事件跨媒体信息的检索方法及系统

摘要：本发明提供了基于 Agent 的突发事件跨媒体信息的检索方法及系统，该方法包括：在采集到的突发事件的跨媒体信息中，根据用户提交的查询请求检索与用户匹配的突发事件的跨媒体信息，并将检索到的突发事件的跨媒体信息返回至用户对应的移动终端，和/或在本地进行显示；对采集到的突发事件的跨媒体信息进行统计，得到统计结果，将统计结果返回至用户对应的移动终端，和/或在本地进行显示；并且采用移动 Agent 技术将采集步骤、获取步骤、检索步骤和统计步骤均封装为相应的 Agent 框架。本发明实施例能够实现对互联网中海量的突发事件跨媒体信息的快速检索与分析，进而满足用户快速获取所需要的突发事件跨媒体信息的需求。

申请日：2016-07-21

授权日：-

IPC 主分类号（大组）：G06F17

被引用专利：CN106708996A　CN106844506A　CN107169118A　CN107193802A　CN107205029A　CN107220337A　CN107256271A

CN107729411A CN107944691A CN108829859A

被引用专利数量：10

预估到期日：

[标]当前申请（专利权）人：北京邮电大学

[标]原始申请（专利权）人：北京邮电大学

发明人：杜军平 訾玲玲 韩鹏程

专利类型：发明申请

简单法律状态：审中

许可人：

被许可人：

高引用专利 6

公开（公告）号：CN104754678A

申请号：CN201510166794.3

标题：一种无线网络中 AP 选择最佳信道的方法

摘要：本发明提供一种无线网络中 AP 选择最佳信道的方法，所述方法包括：（1）初始化 AP，在每个接入点 AP 启动时，随机分配一个信道；（2）AP 开启定期干扰检测器，定期检测周围频谱环境的干扰值；（3）将干扰值大于额定值的 AP 进行排队，负载多的 AP 优先进行信道扫描及切换；（4）AP 进行信道扫描及切换；（5）AP 通过对结果的统计和分析，对信道进行排序；（6）信道切换定时器结束时，AP 的信道切换到最优信道；（7）重复步骤（2）～（6），使得每个 AP 动态的检测干扰和切换信道。在信道切换之前，先对周围的频谱环境进行检测，并对信道进行优先级的排序，使得 AP 能够切换到最优信道，加快了最优解的收敛时间，同时也提高了信道选择的效率。

申请日：2015-04-10

授权日：

IPC 主分类号（大组）：H04W36

被引用专利：CN105357766A　CN105357766B　CN105554791A　CN105554791B　CN106559891A　CN106912075A　CN106912075B　CN107396287A　WO2019010797A1

被引用专利数量：9

预估到期日：

[标] **当前申请（专利权）人**：中国电力科学研究院　国家电网公司　北京邮电大学　江苏省电力公司

[标] **原始申请（专利权）人**：中国电力科学研究院　国家电网公司　北京邮电大学　江苏省电力公司

发明人：张庚　孙勇　汪洋　刘世栋　郭经红　许岳青　苏斓　王智慧　郝明诗　丁慧霞　李明方晨　王翔鹤　张薇　黄泽桑

专利类型：发明申请

简单法律状态：审中

许可人：

被许可人：

高引用专利 7

公开（公告）号：CN104423780A

申请号：CN201310377557.2

标题：一种终端设备及其应用程序的关联显示方法

摘要：本申请公开了一种终端设备及其应用程序的关联显示方法，包括：终端设备启动对应于当前显示应用预设的关联应用；从当前显示应用中获取输出关联信息，根据该信息内容确定所述关联应用的显示内容，并与所述当前显示应用同时显示在屏幕上；接收用户对所述当前显示应用/关联应用中输出关联信息的修改，根据修改后的输出关联信息更新所述关联应用/当前显示应用的显示内容。应用本申请，能够实现应用程序间的关联显示和操作。

申请日：2013-08-27

授权日：

IPC 主分类号（大组）：G06F3

被引用专利：CN105120076A CN105224654A CN105630307A CN105653265A CN105657158A CN105657158B CN106933450A CN107291560A CN107894910A

被引用专利数量：9

预估到期日：

[标] 当前申请（专利权）人：北京三星通信技术研究有限公司　三星电子株式会社　北京邮电大学

[标] 原始申请（专利权）人：北京三星通信技术研究有限公司　三星电子株式会社　北京邮电大学

发明人：孙卓　马笑笑　陈达　吴岸　王文博

专利类型：发明申请

简单法律状态：审中

许可人：

被许可人：

高引用专利 8

公开（公告）号：CN107819840A

申请号：CN201711050127.4

标题：超密集网络架构中分布式移动边缘计算卸载方法

摘要：本发明公开了一种超密集网络架构中的分布式移动边缘计算卸载方法，属于无线通信网络与云计算技术领域。计算移动设备的干扰，若需要卸载，则选择满足负载限制、干扰限制和时延限制的策略进行计算卸载；进一步来说，当所选策略的能量消耗优于当前计算卸载策略，发送请求更新信息到当前所选基站，请求更新自身的计算卸载策略；移动设备在获得基站允许更新计算策略的信息后，通知其他移动设备已获得本次更新机会，并在下一时隙采用更新的策略；如果移动设备未获得更新机会，则在下一时隙保持现有的策略。本发明方法在保证一定时延限制的前提下，有效地降低了计算卸载过程中的能量开销，有效地达到了节约能耗的目的，有着很好的前沿性和可应用性。

申请日：2017-10-31

授权日：

IPC 主分类号（大组）：H04L29

被引用专利：CN108601074A CN109005550A CN109121151A CN109144730A CN109151077A CN109167787A CN109302463A CN110113190A WO2019179602A1

被引用专利数量：9

预估到期日：

[标] 当前申请（专利权）人：北京邮电大学

[标] 原始申请（专利权）人：北京邮电大学

发明人：张鹤立　郭俊　纪红　李曦

专利类型：发明申请

简单法律状态：审中

许可人：

被许可人：

高引用专利 9

公开（公告）号：CN105513039A

申请号：CN201510401466.7

标题：一种带电绝缘子串覆冰桥接度智能图像分析方法

摘要：所述方法包括，将原始图像由 RGB 颜色空间转换至 HSI 颜色空间，并对其颜色特征进行描述；采集双伞绝缘子分割图像；确定绝缘子覆冰区域，获取覆冰绝缘子的颜色特征、灰度特征和纹理特征；构造多类 SVM 分类器，采用 SVM 多类分类法对训练样本分类；结合缺点补偿算法和冗点删除算法自动检测双伞绝缘子盘径端点；对所述双伞绝缘子盘径端点进行自动配对；对所述双伞绝缘子盘径端点进行筛选，确定轮廓跟踪起点，完成双伞绝缘子冰棱桥接百分比的计算。通过对双伞悬式绝缘子图像进行覆冰桥接百分比智能分析，有效克服了传统图像分割造成的有效信息丢失的缺陷。

申请日：2015-07-10

授权日：

IPC 主分类号（大组）：G06T7

被引用专利：CN106153097A　CN106340006A　CN106340006B

CN106780438A   CN106780444A   CN107316287A   CN108108772A
CN109059818A

被引用专利数量：8

预估到期日：

[标] 当前申请（专利权）人：中国电力科学研究院   国家电网有限公司   北京邮电大学

[标] 原始申请（专利权）人：中国电力科学研究院   国家电网有限公司   北京邮电大学

发明人：于昕哲   周军   刘博   别红霞   别志松   刘盼

专利类型：发明申请

简单法律状态：审中

许可人：

被许可人：

高引用专利10

公开（公告）号：CN106027357A

申请号：CN201610537101.1

标题：物联网关及物联平台接纳家居设备的方法和物联网系统

摘要：本发明公开了一种物联网关及物联平台接纳家居设备的方法和物联网系统，其中在物联网关接纳家居设备的方法中，该物联网关执行如下步骤：(1) 物联网关基于家居设备发布的包含自身物理地址的广播信息发现与物联网关相连接的家居设备；(2) 物联网关为发现的所述家居设备分配通信端口、获取对应的标识信息并进行存储。本发明解决了联网设备资源端到端的即插即用问题。

申请日：2016-07-08

授权日：

IPC 主分类号（大组）：H04L12

被引用专利：CN106850611A CN106850611B CN107018127A CN107018127B CN107168089A CN110716441A WO2018170728A1

被引用专利数量：7

预估到期日：

[标] 当前申请（专利权）人：北京邮电大学

[标] 原始申请（专利权）人：北京邮电大学

发明人：吴振宇 纪阳 陈婧 陈仕 李俊卿 古宗海 杨雨浓

专利类型：发明申请

简单法律状态：审中

许可人：

被许可人：

3.6 专利运营机会

中国的发明专利量已经连续多年稳居世界第一，高校和科研院所是专利申请主力军之一，但是我国高校和科研院所专利技术转移转化还处于低水平、低转化率的状态。如何盘活专利资产，有针对性地开展专利运营工作，提高技术转移转化率是值得深入研究的课题。

四 评估过程

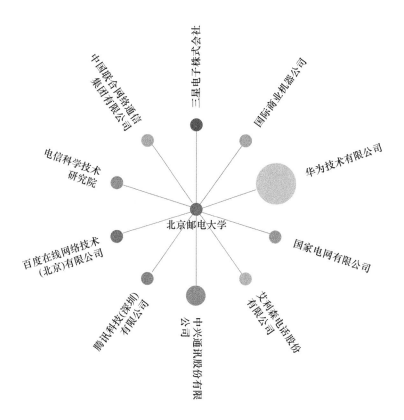

图 3-12 引用前 10 项专利次数最多的 10 家公司

表 3-6 引用前 10 项专利次数最多的 10 家公司

公司	专利	被引用
华为技术有限公司	191 079	152
中兴通讯股份有限公司	97 259	38
国家电网有限公司	156 331	10
国际商业机器公司	296 890	10
三星电子株式会社	606 153	9
腾讯科技（深圳）有限公司	38 195	9
中国联合网络通信集团有限公司	6 467	8
百度在线网络技术（北京）有限公司	18 491	8
艾利森电话股份有限公司	151 421	8
电信科学技术研究院	10 070	7

· 101 ·

图 3-12（表 3-6）显示了北京邮电大学前 10 项专利引用次数最多的前 10 家公司状况（此图不包括公司自引用情况）。此 10 家公司以其公司所拥有的总专利数量进行顺时针方向排序（拥有最多专利公司居于 12 点方向），公司圆圈大小取决于该公司引用北京邮电大学前 10 件最多被引用专利的次数（专利数量指公司拥有的总专利数量；被引用指此公司引用北京邮电大学专利的次数）。

此图有助于了解与北京邮电大学研发领域最接近的公司。如图所示，与北京邮电大学研发领域最接近的公司有：华为技术有限公司、中兴通讯股份有限公司、国家电网有限公司、国际商业机器公司、三星电子株式会社、腾讯科技（深圳）有限公司、中国联合网络通信集团有限公司、百度在线网络技术（北京）有限公司、艾利森电话股份有限公司、电信科学技术研究院。

4. 与国内主要研发机构对标分析

根据北京邮电大学所提供的信息，将其与院校性质和学科设置较为相似的南京邮电大学、北京航空航天大学、西安电子科技大学、电子科技大学（成都）进行对标。整体对标数据如表 3-7 所示（数据截至 2020 年 5 月 7 日）。

表 4-1 与北京邮电大学对标的五所大学专利概况

分类	学校				
	北京邮电大学	南京邮电大学	北京航空航天大学	西安电子科技大学	电子科技大学（成都）
专利总量	7 562	8 062	18 634	13 359	18 205
授权专利总量	2 702	2 180	6 472	5 829	5 859
专利许可数量	11	895	84	41	66
价值大于等于 $50 万的有效专利数量	24	16	25	5	20
专利价值总额	$ 242 597 000	$ 196 010 400	$ 575 254 000	$ 387 969 200	$ 431 355 000
单件专利价值最高值	$ 3 220 000	$ 670 000	$ 1 280 000	$ 1 530 000	$ 1 720 000

从表 3-7 可以看出，五所大学中，实力较为突出的是北京航空航天大学，不论是在申请量、专利价值，还是在专利价值较高的专利数量方面都在五所大学中排名第一。

在这五所大学中，北京邮电大学的实力居中，虽然专利总量排在最后一名，但是有效专利占比、价值均值和单件专利价值都是最高的。由图可知，北京邮电大学专利许可数量是最少的，所以应该在专利转化方面多做工作。此外，值得注意的是，南京邮电大学的专利数量最高，共计 895 件。经过查证，南京邮电大学于 2016 年进行了大批的专利许可，专利被许可人主要是南京邮电大学南通研究院有限公司和江苏南邮物联网科技园有限公司。

4.1 北京邮电大学与北京航空航天大学对标

4.1.1 北京邮电大学与北京航空航天大学专利概况对比

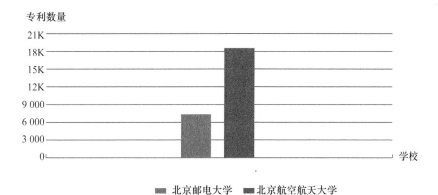

图 4-1 北京邮电大学与北京航空航天大学专利概况对比

表 4-1　北京邮电大学与北京航空航天大学专利概况对比

学校	专利数量	授权专利数量	其他
北京邮电大学	7 562	2 702	4 860
北京航空航天大学	18 634	6 472	12 162

如图 4-1（表 4-1）所示，北京邮电大学与北京航空航天大学专利数量相差较多。北京邮电大学专利数量为 7 562 件，授权专利为 2 702 件；北京航空航天大学专利数量为 18 634 件，授权专利为 6 472 件。

4.1.2　北京邮电大学和北京航空航天大学专利年趋势对比

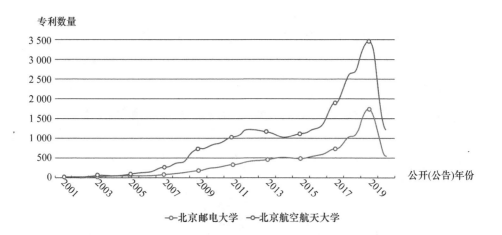

图 4-2　北京邮电大学和北京航空航天大学专利年趋势对比

表 4-2　北京邮电大学和北京航空航天大学专利年趋势对比

公开（公告）年份	学校	
	北京邮电大学	北京航空航天大学
2001	6	7
2002	7	6
2003	20	42

续 表

公开（公告）年份	学校	
	北京邮电大学	北京航空航天大学
2004	41	43
2005	44	84
2006	35	133
2007	76	252
2008	117	385
2009	82	717
2010	256	838
2011	326	1 013
2012	410	1 216
2013	453	1 163
2014	509	1 018
2015	479	1 110
2016	562	1 276
2017	714	1 892
2018	1 055	2 653
2019	1 720	3 464
2020	540	1 223

图 4-2（表 4-2）展现的是北京邮电大学与北京航空航天大学专利年趋势对比，两者都于 2001—2016 年平稳增长，于 2017—2020 年快速增长。北京航空航天大学每年公开专利数量都多于北京邮电大学。此外，在 2019 年，两者的公开专利数量都达到最高值，北京航空航天大学为 3 464 件，北京邮电大学为 1 720 件。

4.1.3 北京邮电大学和北京航空航天大学海外专利地域分布对比

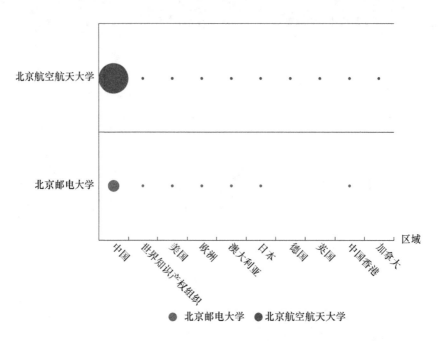

图 4-3 北京邮电大学和北京航空航天大学海外专利地域分布对比

表 4-3 北京邮电大学和北京航空航天大学海外专利地域分布对比

学校\区域	中国	世界知识产权组织	美国	欧洲	澳大利亚	日本	德国	英国	中国香港	加拿大
北京邮电大学	7 384	113	50	6	1	4	0	0	2	0
北京航空航天大学	18 406	78	123	6	7	1	4	4	2	1

表 4-3（表 4-3）显示了两者全球专利分布情况，北京邮电大学的海外专利主要分布在美国、欧洲、日本等地，北京航空航天大学的海外专利主要分布在美国、欧洲、澳大利亚等地。此外，北京邮电大学通过 PCT 途径申请专利数量为 113 件，北京航空航天大学通过 PCT 途径申请专利数量为 78 件。

4.1.4 北京邮电大学和北京航空航天大学专利价值对比

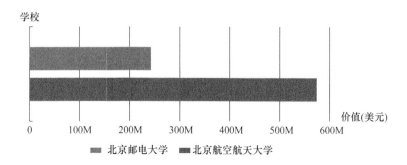

图 4-5　北京邮电大学和北京航空航天大学专利价值对比

表 4-5　北京邮电大学和北京航空航天大学专利价值对比

学校	价值	价值区间	专利家族规模
北京航空航天大学	$ 575 254 000	$ 416 234 400～735 046 200	9 529
北京邮电大学	$ 242 597 000	$ 175 608 400～309 921 000	3 873

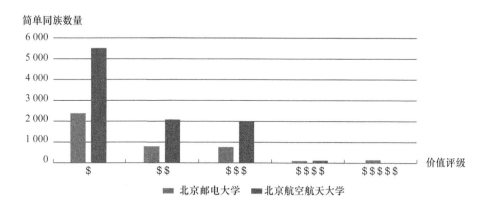

图 4-6　北京邮电大学和北京航空航天大学专利价值对比

表 4-6　北京邮电大学和北京航空航天大学专利价值对比

学校	价值评级及区间				
	$ ($0~$25k)	$$ ($25k~$100k)	$$$ ($100k~$500k)	$$$$ ($500k~$2.5M)	$$$$$ (>$2.5M)
北京邮电大学	2 361	746	742	21	3
北京航空航天大学	5 495	2 022	1 987	25	0

图 4-6（表 4-6）显示了两者的专利价值对比，北京航空航天大学专利总价值远远高于北京邮电大学，其为 575 254 000 美元，而北京邮电大学专利总价值为 242 597 000 美元。单件专利价值大于 250 万美元的专利数量，北京邮电大学为 3 件，北京航空航天大学为 0 件。单件专利价值在 50 万～250 万美元的专利数量，北京邮电大学为 21 件，北京航空航天大学为 25 件。由此可知，虽然北京邮电大学专利数量远少于北京航空航天大学，但是单件专利价值高于北京航空航天大学。此外，两者的低价值专利都比较多，价值低于 2.5 万的美元的专利，北京邮电大学为 2 361 件，北京航空航天大学为 5 495 件。

4.1.5　北京邮电大学和北京航空航天大学专利技术焦点对比

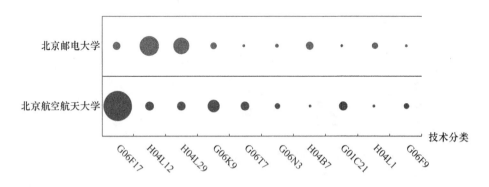

图 4-7　北京邮电大学和北京航空航天大学专利技术焦点对比

表 4-7　北京邮电大学和北京航空航天大学专利技术焦点对比

分类号	学校	
	北京邮电大学	北京航空航天大学
G06F17-特别适用于特定功能的数字计算设备或数据处理设备或数据处理方法（信息检索，数据库结构或文件系统结构，G06F16/00）	481	1 638
H04L12-数据交换网络（存储器、输入/输出设备或中央处理单元之间的信息或其他信号的互连或传送入 G06F13/00）	1 096	493
H04L29-H04L1/00 至 H04L27/00 单个组中不包含的装置、设备、电路和系统	925	540
G06K9-用于阅读或识别印刷或书写字符或者用于识别图形，例如，指纹的方法或装置（用于图表阅读或者将诸如力或现状态的机械参量的图形转换为电信号的方法或装置入 G06K11/00；语音识别入 G10L15/00）	393	749
G06T7-图像分析	127	554
G06N3-基于生物学模型的计算机系统	246	389
H04B7-无线电传输系统，即使用辐射场的（H04B10/00，H04B15/00 优先）	428	144
G01C21-导航；不包含在 G01C1/00 至 G01C19/00 组中的导航仪器（测量车辆在地面行驶的距离入 G01C22/00；车辆位置、行程、高度或姿态的控制入 G05D1/00；涉及给车辆传输导航指令的用于道路车辆的交通控制系统入 G08G1/0968）	50	495
H04L1-检测或防止收到信息中的差错的装置	405	110
G06F9-程序控制设计，例如，控制单元（用于外部设备的程序控制入 G06F13/10）	160	333

图 4-7（表 4-7）显示了两者的专利技术焦点对比。在 G06F17，G06K9，G06T7，G06N3，G06F9，G01C21 这六个技术领域，北京航空航天大学专利数量远多于北京邮电大学；而在 H04L12，H04L29，H04B7，H04L1 这四个技术领域，北京邮电大学专利远多于北京北京航空航天大学。

4.1.6 北京邮电大学和北京航空航天大学创新战略对比

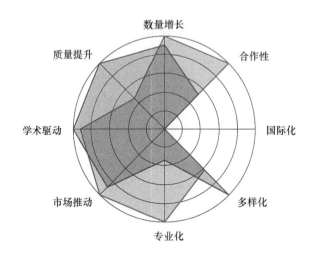

图 4-4 北京邮电大学和北京航空航天大学创新战略对比

表 4-4 北京邮电大学和北京航空航天大学创新战略对比

学校	数量增长	质量提升	学术驱动	市场推动	专业化	多样化	国际化	合作性
北京邮电大学	0.234	0.006	0.070	0.201	0.368	0.093	0.000	0.153
北京航空航天大学	0.209	0.013	0.076	0.179	0.124	0.150	0.000	0.078

图 4-4（表 4-4）显示了两者的创新战略，在专利数量增长、市场推动、专业化和合作性方面，北京邮电大学优于北京航空航天大学。而在专利质量提升、学术驱动和多样化方面，北京航空航天大学优于北京邮电大学。此外，在国际化方面，两者还有很大的提升空间。

4.2 北京邮电大学和南京邮电大学对标

4.2.1 北京邮电大学和南京邮电大学专利概况对比

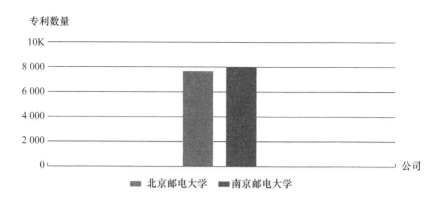

图 4-8　北京邮电大学和南京邮电大学专利概况对比

表 4-8　北京邮电大学和南京邮电大学专利概况对比

学校	专利数量	授权专利数量	其他
北京邮电大学	7 562	2 702	4 860
南京邮电大学	8 062	2 180	5 882

如图 4-8（表 4-8）所示，北京邮电大学与南京邮电大学专利数量相差不多。北京邮电大学专利数量为 7 562 件，授权专利 2 702 件，南京邮电大学专利总量为 8 062 件，授权专利为 2 180 件。由此看出，虽然北京邮电大学不及南京邮电大学专利数量多，但是授权专利数量却高于南京邮电大学。

4.2.2 北京邮电大学和南京邮电大学专利年趋势对比

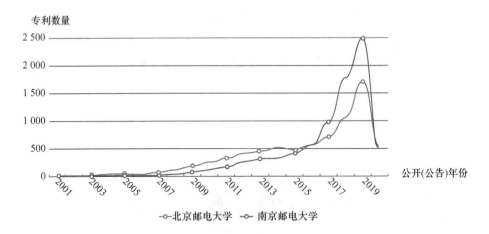

图 4-9 北京邮电大学和南京邮电大学专利年趋势对比

表 4-9 北京邮电大学和南京邮电大学专利年趋势对比

公开（公告）年份	学校	
	北京邮电大学	南京邮电大学
2001	6	0
2002	7	0
2003	20	2
2004	41	2
2005	44	8
2006	35	11
2007	76	16
2008	117	42
2009	182	81
2010	256	122
2011	326	170

续表

公开（公告）年份	学校	
	北京邮电大学	南京邮电大学
2012	410	256
2013	453	313
2014	509	328
2015	479	416
2016	562	558
2017	714	971
2018	1 055	1 783
2019	1 720	2 489
2020	540	490

图4-9（表4-9）展现的是北京邮电大学与南京邮电大学专利年趋势对比，两者都于2001—2016年平稳增长，于2017—2020年快速增长。在2016年以前，北京邮电大学每年公开专利的数量多于南京邮电大学。而在2017—2020年，南京邮电大学每年公开专利的数量多于北京邮电大学。此外，两者都于2019年达到最高值，北京邮电大学公开专利数量为1 720件，南京邮电大学公开专利数量为2 489件。

4.2.3 北京邮电大学和南京邮电大学海外专利地域分布对比

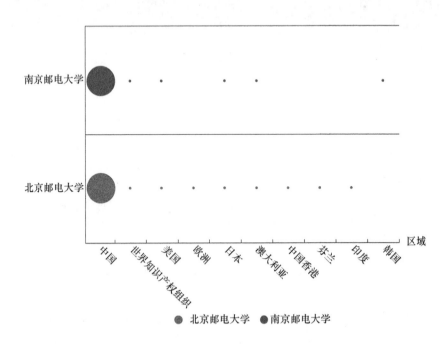

图 4-10　北京邮电大学和南京邮电大学海外专利地域分布对比

表 4-10　北京邮电大学和南京邮电大学海外专利地域分布对比

学校	区域									
	中国	世界知识产权组织	美国	欧洲	日本	澳大利亚	中国香港	芬兰	印度	韩国
北京邮电大学	7 384	113	50	6	4	1	2	1	1	0
南京邮电大学	8 022	34	3	0	1	1	0	0	0	1

图 4-10（表 4-10）显示了两者全球专利分布情况，北京邮电大学海外专利数量远远多于南京邮电大学的数量。北京邮电大学的海外专利主要分布在美国、欧洲、日本等地，南京邮电大学的海外专利主要分布在美国、日本、澳大利亚等地。此外，北京邮电大学通过 PCT 途径申请专利数量为 113 件，南京邮电大学

通过 PCT 途径申请专利数量为 34 件。

4.2.4 北京邮电大学和南京邮电大学专利价值对比

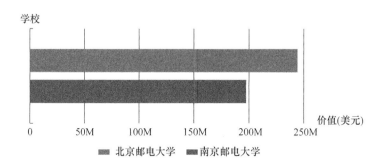

图 4-11 北京邮电大学和南京邮电大学专利价值对比

表 4-11 北京邮电大学和南京邮电大学专利价值对比

学校	价值	价值区间	专利家族规模
北京邮电大学	$ 242 597 000	$ 175 608 400～$ 309 921 000	3 873
南京邮电大学	$ 196 010 400	$ 142 333 200～$ 250 040 000	4 532

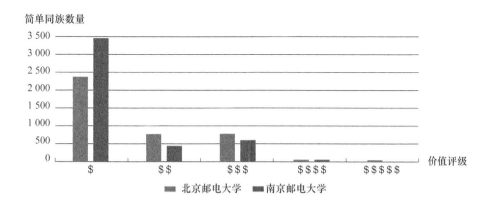

图 4-12 北京邮电大学和南京邮电大学专利价值对比

表 4-12　北京邮电大学和南京邮电大学专利价值对比

学校	价值评级及区间				
	$ ($0~$25k)	$$ ($25k~$100k)	$$$ ($100k~$500k)	$$$$ ($500k~$2.5M)	$$$$$ (>$2.5M)
北京邮电大学	2 361	746	742	21	3
南京邮电大学	3 468	433	615	16	0

图 4-12（表 4-12）显示了两者的专利价值对比，北京邮电大学专利总价值高于南京邮电大学，其为 242 597 000 美元，而南京邮电大学专利总价值为 196 010 400 美元。单件专利价值大于 250 万美元的专利，北京邮电大学为 3 件，南京邮电大学为 0 件。单件专利价值在 50 万～250 万美元的专利，北京邮电大学为 21 件，南京邮电大学为 16 件。由此可知，虽然北京邮电大学专利数量少于南京邮电大学，但是专利总价值和高价值专利价值均高于南京邮电大学。此外，两者的低价值专利都比较多，低于 2.5 万的美元的专利，北京邮电大学为 2 361 件，南京邮电大学为 3 468 件。

4.2.5　北京邮电大学和南京邮电大学专利技术焦点对比

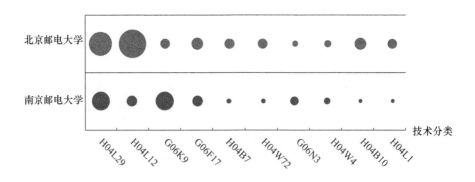

图 4-13　北京邮电大学和南京邮电大学专利技术对比

表 4-13　北京邮电大学和南京邮电大学专利技术对比

分类号	学校	
	北京邮电大学	南京邮电大学
H04L29-H04L1/00 至 H04L27/00 单个组中不包含的装置、设备、电路和系统	925	718
H04L12-数据交换网络（存储器、输入/输出设备或中央处理单元之间的信息或其他信号的互连或传送入 G06F13/00）	1 096	467
G06K9-用于阅读或识别印刷或书写字符或者用于识别图形，例如，指纹的方法或装置（用于图表阅读或者诸如力或现状态的机械参量的图形转换为电信号的方法或装置入 G06K11/00；语音识别入 G10L15/00）	393	720
G06F17-特别适用于特定功能的数字计算设备或数据处理设备或数据处理方法（信息检索，数据库结构或文件系统结构，G06F16/00）	481	454
H04B7-无线电传输系统，即使用辐射场的（H04B10/00，H04B15/00 优先）	428	221
H04W72-本地资源管理，如无线资源的选择或分配或无线业务量调度	426	208
G06N3-基于生物学模型的计算机系统	246	358
H04W4-专门适用于无线通信网络的业务；其设施	290	272
H04B10-利用无线电波以外的电磁波（如红外线、可见光或紫外线）或利用微粒辐射（如量子通信）的传输系统	454	101
H04L1-检测或防止收到信息中的差错的装置	405	103

图 4-13（表 4-13）显示了两者的专利技术焦点对比。在 G06K9，G06N3 这两个技术领域，南京邮电大学专利数量多于北京邮电大学；而在 H04L29，H04L12，G06F17，H04B7，H04W72，H04W4，H04B10，H04L1 这八个技术领域，北京邮电大学专利数量多于南京邮电大学。

4.2.6 北京邮电大学和南京邮电大学创新战略对比

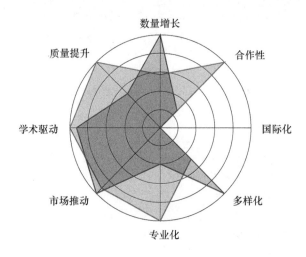

图 4-14 北京邮电大学和南京邮电大学创新战略对比

表 4-14 北京邮电大学和南京邮电大学创新战略对比

学校	数量增长	质量提升	学术驱动	市场推动	专业化	多样化	国际化	合作性
北京邮电大学	0.234	0.006	0.070	0.201	0.368	0.093	0.000	0.153
南京邮电大学	0.417	0.003	0.064	0.220	0.146	0.192	0.000	0.040

图 4-14（表 4-14）显示了两者的创新战略，在质量提升、学术驱动、专业化和合作性方面，北京邮电大学优于南京邮电大学。而在专利数量增长、市场推动和多样化方面，南京邮电大学优于北京邮电大学。此外，在国际化方面，两者都还有很大的提升空间。

4.3 北京邮电大学和西安电子科技大学对标

4.3.1 北京邮电大学和西安电子科技大学专利概况对比

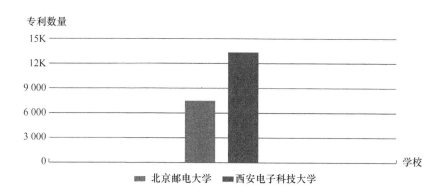

图 4-15 北京邮电大学和西安电子科技大学专利概况对比

表 4-15 北京邮电大学和西安电子科技大学专利概况对比

学校	专利数量	授权专利数量	其他
北京邮电大学	7 562	2 702	4 860
西安电子科技大学	13 359	5 829	7 530

如图 4-15（表 4-15）所示，西安电子科技大学专利数量远多于北京邮电大学。北京邮电大学专利数量为 7 562 件，授权专利数量为 2 702 件；西安电子科技大学专利数量为 13 359 件，授权专利数量为 5 829 件。

4.3.2 北京邮电大学和西安电子科技大学专利年趋势对比

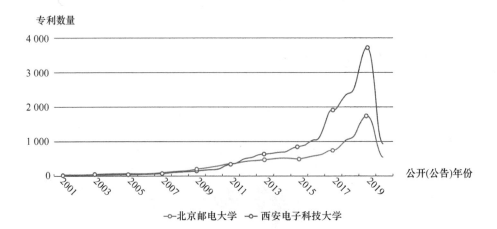

图 4-16 北京邮电大学和西安电子科技大学专利年趋势对比

表 4-16 北京邮电大学和西安电子科技大学专利年趋势对比

公开（公告）年份	学校	
	北京邮电大学	西安电子科技大学
2001	6	2
2002	7	5
2003	20	5
2004	41	10
2005	44	27
2006	35	28
2007	76	55
2008	117	74
2009	182	117
2010	325	169
2011	326	301

续 表

公开（公告）年份	学校	
	北京邮电大学	西安电子科技大学
2012	410	492
2013	453	614
2014	509	662
2015	479	803
2016	562	1013
2017	714	1892
2018	1055	2377
2019	7120	3680
2020	540	919

图 4-16（表 4-16）展现的是北京邮电大学与西安电子科技大学专利年趋势对比，两者都于 2001—2016 年平稳增长，于 2017—2020 年快速增长。在 2011 年以前，北京邮电大学每年公开专利的数量多于西安电子科技大学。而 2011—2020 年，西安电子科技大学每年公开专利的数量多于北京邮电大学。此外，两者公开专利数量都于 2019 年达到最高值，北京邮电大学公开专利为 1 720 件，西安电子科技大学公开专利为 3 680 件。

4.3.3 北京邮电大学和西安电子科技大学专利地域分布对比

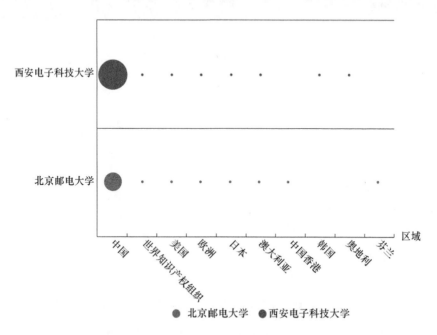

图 4-17 北京邮电大学和西安电子科技大学专利地域分布对比

表 4-17 北京邮电大学和西安电子科技大学专利地域分布对比

学校	区域									
	中国	世界知识产权组织	美国	欧洲	日本	澳大利亚	中国香港	韩国	奥地利	芬兰
北京邮电大学	7 384	113	50	6	4	1	2	0	0	1
西安电子科技大学	13 284	47	20	1	2	1	0	2	1	0

图4-17（表4-17）显示了两者专利地域分布情况，北京邮电大学海外专利数量多于西安电子科技大学。北京邮电大学的海外专利主要分布在美国、欧洲、日本等地，西安电子科技大学的海外专利主要分布在美国、日本、韩国等地。此外，北京邮电大学通过PCT途径申请专利数量为113件，西安电子科技大学通过PCT途径申请专利数量为47件。

4.3.4 北京邮电大学和西安电子科技大学专利价值对比

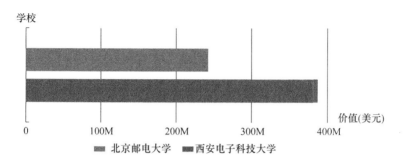

图 4-18 北京邮电大学和西安电子科技大学专利价值对比

表 4-18 北京邮电大学和西安电子科技大学专利价值对比

学校	价值	价值区间	专利家族规模
北京邮电大学	$ 242 597 000	$ 175 608 400~$ 309 921 000	3 873
西安电子科技大学	$ 387 969 200	$ 282 225 200~$ 495 148 400	8 600

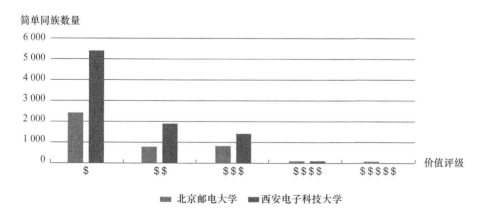

图 4-19 北京邮电大学和西安电子科技大学专利价值对比

表 4-19 北京邮电大学和西安电子科技大学专利价值对比

学校	价值评级及区间				
	$ ($0~$25k)	$$ ($25k~$100k)	$$$ ($100k~$500k)	$$$$ ($500k~$2.5M)	$$$$$ (>$2.5M)
北京邮电大学	2 361	746	742	21	3
西安电子科技大学	5 371	1 871	1 353	5	0

图 4-19（表 4-19）显示了两者的专利价值对比，北京邮电大学专利总价值高于南京邮电大学，北京邮电大学专利总价值为 242 597 000 美元，西安电子科技大学专利总价值为 387 969 200 美元。单件专利价值大于 250 万美元的专利数量，北京邮电大学为 3 件，西安电子科技大学为 0 件。单件专利价值在 50 万～250 万美元，北京邮电大学为 21 件，西安电子科技大学为 5 件。由此可知，虽然北京邮电大学专利数量远少于西安电子科技大学，但是单件专利价值还是高于西安电子科技大学。此外，两者的低价值专利都比较多。低于 2.5 万美元的专利数量，北京邮电大学为 2 361 件，西安电子科技大学为 5 371 件。

4.3.5 北京邮电大学和西安电子科技大学专利技术焦点对比

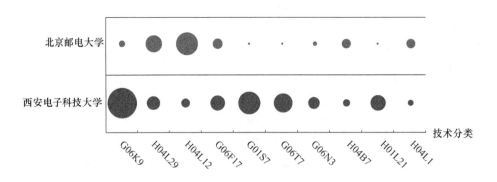

图 4-20 北京邮电大学和西安电子科技大学专利技术焦点对比

表 4-20　北京邮电大学和西安电子科技大学专利技术焦点对比

分类号	学校	
	北京邮电大学	西安电子科技大学
G06K9-用于阅读或识别印刷或书写字符或者用于识别图形，如指纹的方法或装置（用于图表阅读或者将诸如力或现状态的机械参量的图形转换为电信号的方法或装置入 G06K11/00；语音识别入 G10L15/00）	393	1 469
H04L29-H04L1/00 至 H04L27/00 单个组中不包含的装置、设备、电路和系统	925	650
H04L12-数据交换网络（存储器、输入/输出设备或中央处理单元之间的信息或其他信号的互连或传送入 G06F13/00）	1 096	476
G06F17-特别适用于特定功能的数字计算设备或数据处理设备或数据处理方法（信息检索、数据库结构或文件系统结构，G06F16/00）	481	754
G01S7-与 G01S13/00，G01S15/00，G01S17/00 各组相关的系统的零部件	13	1 164
G06T7-图像分析	127	963
G06N3-基于生物学模型的计算机系统	246	589
H04B7-无线电传输系统，即使用辐射场的（H04B10/00，H04B15/00 优先	428	377
H01L21-专门适用于制造或处理半导体或固体器件或其部件的方法或设备	13	742
H04L1-检测或防止收到信息中的差错的装置	405	318

图 4-20（表 4-20）显示了两者的专利技术焦点对比。在 H04L12，H04L29，H04B7，H04L1 这四个技术领域，北京邮电大学专利数量多于西安电子科技大学。而在 G06F17，G06K9，G01S7，G06T7，G06N3，H01L21 这六个技术领域，西安电子科技大学专利数量多于北京邮电大学。

4.3.6 北京邮电大学和西安电子科技大学创新战略对比

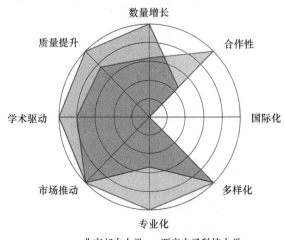

图 4-21 北京邮电大学和西安电子科技大学创新战略对比

表 4-21 北京邮电大学和西安电子科技大学创新战略对比

学校	数量增长	质量提升	学术驱动	市场推动	专业化	多样化	国际化	合作性
北京邮电大学	0.234	0.006	0.070	0.201	0.368	0.093	0.000	0.153
西安电子科技大学	0.376	0.008	0.087	0.203	0.201	0.095	0.000	0.066

图 4-21（表 4-21）显示了两者的创新战略，在专业化和合作性上，北京邮电大学优于西安电子科技大学。而在专利数量增长、质量提升、学术驱动、市场推动和多样化上，西安电子科技大学优于北京邮电大学。此外，在国际化方面，两者还有很大的提升空间。

4.4 北京邮电大学和电子科技大学（成都）对标

4.4.1 北京邮电大学和电子科技大学（成都）专利概况对比

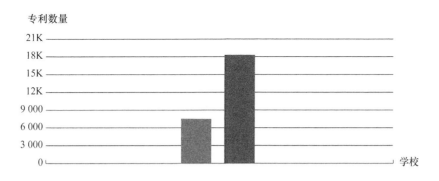

图 4-22　北京邮电大学和电子科技大学（成都）专利概况对比

表 4-22　北京邮电大学和电子科技大学（成都）专利概况对比

学校	专利数量	授权专利数量	其他
北京邮电大学	7 562	2 702	4 860
电子科技大学（成都）	18 205	5 859	12 346

如图 4-22（表 4-22）所示，北京邮电大学与电子科技大学（成都）专利数量相差较多。北京邮电大学专利数量为 7 562 件，授权专利数量为 2 702 件；电子科技大学（成都）专利数量为 18 205 件，授权专利数量为 5 859 件。

4.4.2 北京邮电大学和电子科技大学（成都）专利年趋势对比

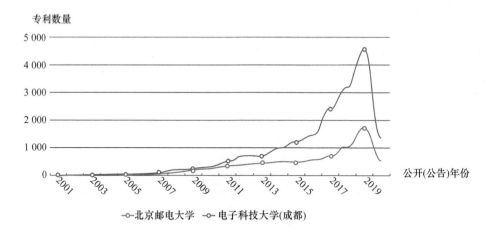

图 4-23 北京邮电大学和电子科技大学（成都）专利年趋势对比

表 4-23 北京邮电大学和电子科技大学（成都）专利年趋势对比

公开（公告）年份	学校	
	北京邮电大学	电子科技大学（成都）
2001	6	3
2002	7	6
2003	20	15
2004	41	15
2005	44	34
2006	35	77
2007	76	104
2008	117	215
2009	182	258
2010	256	321
2011	326	492

续表

公开（公告）年份	学校	
	北京邮电大学	电子科技大学（成都）
2012	410	708
2013	453	701
2014	509	970
2015	479	1 222
2016	562	1 455
2017	714	2 427
2018	1 055	3 188
2019	1 720	4 557
2020	540	1 357

图 4-23（表 4-23）展现的是北京邮电大学与电子科技大学（成都）专利年趋势对比，两者都于 2001—2016 年平稳增长，于 2017—2020 年快速增长。2013 年以前，北京邮电大学每年公开专利的数量与电子科技大学（成都）相差不多。而 2013—2020 年，北京邮电大学每年公开专利数量远低于电子科技大学（成都）。此外，两者的公开专利数量都于 2019 年达到最高值，北京邮电大学为 1 720 件，电子科技大学（成都）为 4 577 件。

4.4.3 北京邮电大学和电子科技大学（成都）专利地域分布对比

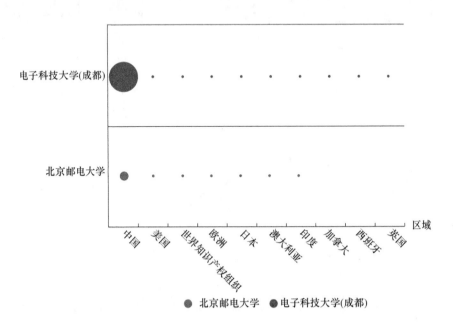

图 4-24 北京邮电大学和电子科技大学（成都）专利地域分布对比

表 4-24 北京邮电大学和电子科技大学（成都）专利地域分布对比

学校	区域									
	中国	美国	世界知识产权组织	欧洲	日本	澳大利亚	印度	加拿大	西班牙	英国
北京邮电大学	7 384	50	113	6	4	1	1	0	0	0
电子科技大学	17 892	178	94	16	2	3	3	3	3	2

图 4-24（表 4-24）显示了北京邮电大学和电子科技大学（成都）专利地域分布情况，电子科技大学（成都）海外专利数量远远多于北京邮电大学的海外专利数量。北京邮电大学的海外专利主要分布在美国、欧洲、日本等地，电子科技大学（成都）的海外专利主要分布在美国、欧洲、澳大利亚等地。此外，北京邮电

大学通过 PCT 途径申请专利数量为 113 件，电子科技大学（成都）通过 PCT 途径申请专利数量为 94 件。

4.4.4 北京邮电大学和电子科技大学（成都）专利价值对比

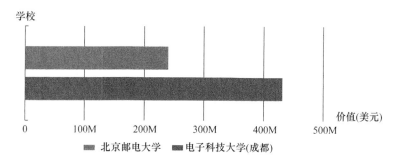

图 4-25　北京邮电大学和电子科技大学（成都）专利价值对比

表 4-25　北京邮电大学和电子科技大学（成都）专利价值对比

学校	价值	价值区间	专利家族规模
北京邮电大学	242 597 000	$ 175 608 400 ~ $ 309 921 000	3 873
电子科技大学（成都）	431 355 000	$ 313 500 200 ~ $ 550 243 000	9 833

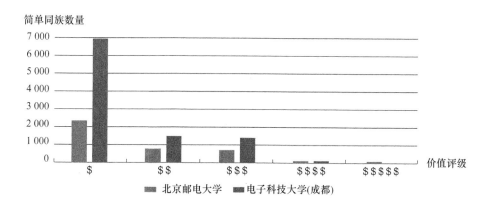

图 4-26　北京邮电大学和电子科技大学（成都）专利价值对比

表 4-26 北京邮电大学和电子科技大学（成都）专利价值对比

学校	价值评级及区间				
	$ （$0~$25k）	$$ （$25k~$100k）	$$$ （$100k~$500k）	$$$$ （$500k~$2.5M）	$$$$$ （>$2.5M）
北京邮电大学	2 361	746	742	21	3
电子科技大学（成都）	6 950	1 503	1 360	20	0

图 4-26（表 4-26）显示了两者的专利价值对比，电子科技大学（成都）的专利总价值高于北京邮电大学，其为 431 355 000 美元，而北京邮电大学专利总价值为 242 597 000 美元。单件专利价值大于 250 万美元的专利数量，北京邮电大学为 3 件，电子科技大学（成都）为 0 件。单件专利价值在 50 万～250 万美元的专利数量，北京邮电大学为 21 件，电子科技大学（成都）为 20 件。由此可知，虽然北京邮电大学专利总价值远小于电子科技大学（成都），但是单件专利价值还是高于电子科技大学（成都）。此外，两者的低价值专利都比较多，低于 2.5 万的美元的专利数量，北京邮电大学为 2 361 件，电子科技大学（成都）为 6 950 件。

4.4.5 北京邮电大学和电子科技大学（成都）专利技术焦点对比

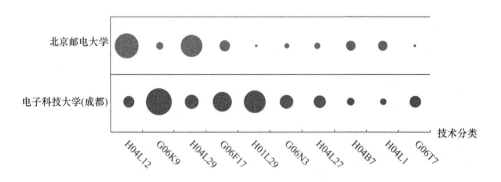

图 4-27 北京邮电大学和电子科技大学（成都）专利技术焦点对比

表 4-27 北京邮电大学和电子科技大学（成都）专利技术焦点对比

分类号	学校	
	北京邮电大学	电子科技大学（成都）
H04L12-数据交换网络（存储器、输入/输出设备或中央处理单元之间的信息或其他信号的互连或传送入 G06F13/00）	1 096	521
G06K9-用于阅读或识别印刷或书写字符或者用于识别图形，如指纹的方法或装置（用于图表阅读或者将诸如力或现状态的机械参量的图形转换为电信号的方法或装置入 G06K11/00；语音识别入 G10L15/00）	393	1 213
H04L29-H04L1/00 至 H04L27/00 单个组中不包含的装置、设备、电路和系统	925	585
G06F17-特别适用于特定功能的数字计算设备或数据处理设备或数据处理方法（信息检索，数据库结构或文件系统结构，G06F16/00）	481	897
H01L29-专门适用于整流、放大、振荡或切换，并具有至少一个电位跃变势垒或表面势垒的半导体器件；具有至少一个电位跃变势垒或表面势垒，如 PN 结耗尽层或载流子集结层的电容器或电阻器；半导体本体或其电极的零部件（H01L31/00 至 H01L47/00，H01L51/05 优先；除半导体或其电极之外的零部件入 H01L23/00；由在一个共用衬底内或其上形成的多个固态组件组成的器件入 H01L27/00）	1	979
G06N3-基于生物学模型的计算机系统	246	656
H04L27-调制载波系统	332	474
H04B7-无线电传输系统，即使用辐射场的（H04B10/00，H04B15/00 优先）	428	377
H04L1-检测或防止收到信息中的差错的装置	405	329
G06T7-图像分析	127	567

图 4-27（表 4-27）显示了两者的专利技术焦点对比。在 G06K9，G06F17，G06T7，H01L29，G06N3，H04L27 这六个技术领域，电子科技大学（成都）专利数量多于北京邮电大学；而在 H04L12，H04L29，H04B7，H04L1 这四个

技术领域，北京邮电大学专利数量多于电子科技大学（成都）。

4.4.6　北京邮电大学和电子科技大学（成都）专利创新战略对比

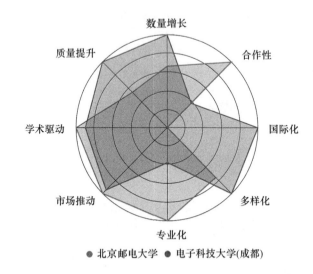

图 4-28　北京邮电大学和电子科技大学（成都）专利创新战略对比

表 4-28　北京邮电大学和电子科技大学（成都）专利创新战略对比

学校	数量增长	质量提升	学术驱动	市场推动	专业化	多样化	国际化	合作性
北京邮电大学	0.234	0.006	0.070	0.201	0.368	0.093	0.000	0.153
电子科技大学（成都）	0.353	0.011	0.063	0.190	0.137	0.126	0.001	0.058

图 4-28（表 4-28）显示了两者的创新战略，在学术驱动、专业化、市场推动和合作性方面，北京邮电大学优于电子科技大学（成都）。而在专利数量增长、质量提升、多样化和国际化方面，电子科技大学（成都）优于北京邮电大学。此外，在国际化方面，两者都还有很大的提升空间。

5. 北京邮电大学知识产权工作梳理

北京邮电大学的创新保护主要由各课题组、科研院、技术转移中心协力完成，在创新保护的立项、申请、审查授权、救济和运营各个阶段，北京邮电大学科技创新团队（简称"北邮科技创新团队"）有不同的职责和任务，部分任务需要借力于不同的外部服务机构，具体各阶段介绍如下。

（1）立项阶段：北京邮电大学的各课题组在立项阶段的主要任务是从众多技术领域中筛选即将研发的技术点。为提升研发效率、避免重复研发，北邮科技创新团队需基于专利和市场维度的大数据分析了解相关技术领域的全面概况，并对相关技术领域的创新动态进行实时监控，课题组在此基础上初步筛选出符合北京邮电大学科研能力的技术；此后，北邮科技创新团队需对课题组初步筛选的技术进行专利价值进行评估，进一步确定具有较好发展前景的技术点，并基于上述多维度分析制定符合北京邮电大学校情的专利申请策略。

（2）申请阶段：北京邮电大学各课题组拥有较强的科研实力，需针对在研过程中的创新点进行专利保护，课题组撰写技术交底书并交由专利代理机构撰写专业的具有法律效力的申请文件，在对创新点进行保护的过程中，课题组和北邮科技创新团队需关注如何准确地抓住创新成果的主要发明点、如何确定合适且稳定的权利范围，以及如何对核心技术构建严密的专利网等，针对上述事项在开展过程中进行专利点的布局和挖掘。

（3）审查授权阶段：专利申请文件递交至国家知识产权局，国家知识产权局的审查员对专利申请文件进行审查，并指出不符合专利法及其实施细则的内容，课题组和相应的专利代理机构制定答复策略，力争获权；为提高课题组的专利意识和技能，北邮科技创新团队可借助外部专利咨询机构进行相应的技能培训。

(4) 救济阶段：对于未顺利获权但有重要技术突破或不认可驳回决定的专利申请文件，课题组和专利代理机构可针对审查员所提出的驳回证据及事实予以研究，制定复审等救济策略，尽力确保应获权的专利申请可以获得授权。

(5) 运营阶段：北京邮电大学拥有近 7 000 件的专利/专利申请，专为更好地盘活专利资产，更好地发挥创新成果的功效，北邮科技创新团队应对其专利资产进行评估与管理，制定运营实施方案，从已有的专利资产中筛选潜在的易于运营的专利和便于成果转换的运营企业，必要时，若某一领域的许可运营企业具有一定规模，则可建立相应的技术运营联盟。

在北京邮电大学实现上述创新目标的过程中，科研院需提供目标行业的最新技术及竞争动态，以更好地引领技术创新；而技术转移中心需提供更为专业、全面和规范的专利价值评估服务，并做好优质专利的质量管理、搭建技术交易信息服务平台。

北京邮电大学针对科研院和技术转移中心现阶段的需求，可在创新的不同环节引入知识产权服务机构协助其更高效地实现目标（如图5-1所示）。

① 课题/项目立项中引入技术全景分析：在科研过程中，基于专利大数据分析为师生的科学研究提供指引方向，如课题立项的方向、课题实施中难题的解决思路、课题结束时研究成果的升华及分层次讨论等，从而更高效地产出更优质的创新成果。

在北京邮电大学的众多科学技术中，可优先对重点学科所涉技术进行全景分析，一方面为科研提供指引方向，另一方面便于判断北京邮电大学在重点学科上的专利技术在相关行业中所处的位置，为重点学科的创新成果在转移转化过程提供数据支撑。此外，还可判断重点学科的创新成果是否得以完善的保护，及时查漏补缺，并制定相关的保护策略。

② 专利申请过程中引入专利布局挖掘：科研过程中产生的创新成果，尤其是核心创新成果需进行较全面合理的挖掘和布局，以更好地保护创新成果，同时

也易于获取到优质专利，为转移转化提供更好的输入。

图 5-1　北京邮电大学知识产权工作梳理

③ 立项及运营阶段引入专利资产评估及管理：通过专利资产盘点可诊断北京邮电大学现有专利资产的状况、所存在的优劣势，便于为后续优化专利资产奠定基础；同时，识别易于转移转化的专利清单及转移转化的潜在企业，为盘活专利资产提供方向。

上述三个阶段的内容相辅相成，形成创新保护及运营的良性循环，但现阶段专利资产的评估及管理是基础，须首先根据北京邮电大学的专利资产状况做出诊断，基于此，识别出北京邮电大学的优势技术、优势团队，以在创新活动中予以特别的关注，从而有针对性地进行技术全景分析和专利布局挖掘；而基于识别的优质专利，将更有效地进行专利运营。

6. 北京邮电大学专利资产管理建议

全面认识北京邮电大学科技成果转移转化工作。科技成果转化是北京邮电大学科技活动的重要内容，北京邮电大学要引导科研工作和经济社会发展需求更加紧密结合，为支撑经济发展转型升级提供源源不断的有效成果。北京邮电大学要改革完善科技评价考核机制，促进科技成果转化。北京邮电大学科技成果转移转化工作既要注重以技术交易、作价入股等形式向企业转移转化科技成果，又要加大产学研结合的力度，支持科技人员面向企业开展技术开发、技术服务、技术咨询和技术培训，还要创新科研组织方式，组织科技人员面向国家需求和经济社会发展积极承担各类科研计划项目，积极参与国家、区域创新体系建设，为经济社会发展提供技术支撑和政策建议。北京邮电大学作为人才培养的主阵地，更要引导、激励科研人员教书育人，注重知识扩散和转移，及时将科研成果转化为教育教学、学科专业发展资源，提高人才培养质量。

简政放权，鼓励科技成果转移转化。北京邮电大学对其持有的科技成果，可以自主决定转让、许可或者作价投资，除涉及国家秘密、国家安全外，不需要审批或备案。北京邮电大学有权依法以持有的科技成果作价入股确认股权和出资比例，通过发起人协议、投资协议或者公司章程等形式对科技成果的权属、作价、折股数量或出资比例等事项明确约定、明晰产权，并指定所属专业部门统一管理技术成果作价入股所形成的企业股份或出资比例。北京邮电大学职务科技成果完成人和参加人在不变更职务科技成果权属的前提下，可以按照学校规定与学校签订协议，进行该项科技成果的转化，并享有相应权益。

建立健全科技成果转移转化工作机制。北京邮电大学要加强对科技成果转移转化的管理、组织和协调，成立科技成果转移转化工作领导小组，建立科技成果转移转化重大事项领导班子集体决策制度；统筹成果管理、技术转移、资产经营管理、法律等事务，建立成果转移转化管理平台；明确科技成果转移转化管理机构和职能，落实科技成果报告、知识产权保护、资产经营管理等工作的责任主体，优化并公示科技成果转移转化工作流程。

应根据国家规定和学校实际建立科技成果使用、处置的程序与规则。在向企业或者其他组织转移转化科技成果时，可以通过在技术交易市场挂牌、拍卖等方式确定价格，也可以通过协议定价。若是通过协议定价，应当通过网站、办公系统、公示栏等方式在校内公示科技成果名称、简介等基本要素和拟交易价格、价格形成过程等。北京邮电大学对科技成果的使用、处置在校内实行公示制度，同时明确并公开异议处理程序和办法。涉及国家秘密和国家安全的科技成果应按国家相关规定执行。

加强科技成果转移转化能力建设。鼓励在不增加编制的前提下建立负责科技成果转移转化工作的专业化机构，或者委托独立的科技成果转移转化服务机构开展科技成果转化，通过培训、市场聘任等多种方式建立成果转化职业经理人队伍。发挥大学科技园、区域（专业）研究院、行业组织在成果转移转化中的集聚辐射和带动作用，依托其构建技术交易、投融资等支撑服务平台，开展技术开发和市场需求对接、科技成果和风险投资对接，形成市场化的科技成果转移转化运营体系，培育打造运行机制灵活、专业人才集聚、服务能力突出的国家技术转移机构。北京邮电大学要充分利用各级政府建立的科技成果信息平台，加强成果的宣传和展览展示；鼓励科研人员面向企业开展技术开发、技术咨询和技术服务等横向合作，与企业联合实施科技成果转化。

健全以增加知识价值为导向的收益分配政策。北京邮电大学要根据国家规定和学校实际，制定科技成果转移转化奖励和收益分配办法，并在校内公开。在制定科技成果转移转化奖励和收益分配办法时，要充分听取学校科技人员的意见，兼顾学校、院系、成果完成人和专业技术转移转化机构等参与科技成果转化的各方利益。

北京邮电大学依法对职务科技成果完成人和为成果转化作出重要贡献的其他人员给予奖励时，按照以下规定执行：以技术转让或者许可方式转化职务科技成果的，应当从技术转让或者许可所取得的净收入中提取不低于50%的比例用于奖励；以科技成果作价投资实施转化的，应当从作价投资取得的股份或者出资比例中提取不低于50%的比例用于奖励；在研究开发和科技成果转化中作出主要贡献的人员，获得奖励的份额不低于总额的50%。成果转移转化收益扣除对上述人员的奖励和报酬后，应当主要用于科学技术研发与成果转移转化等相关工作，并支持技术转移机构的运行和发展。

担任北京邮电大学正职领导以及北京邮电大学所属具有独立法人资格单位的正职领导，是科技成果的主要完成人或者为成果转移转化作出重要贡献的，可以按照学校制定的成果转移转化奖励和收益分配办法给予现金奖励，原则上不得给予股权激励；其他担任领导职务的科技人员，是科技成果的主要完成人或者为成果转移转化作出重要贡献的，可以按照学校制定的成果转化奖励和收益分配办法给予现金、股份或出资比例等奖励和报酬。对担任领导职务的科技人员的科技成果转化收益分配实行公示和报告制度，明确公示其在成果完成或成果转化过程中的贡献情况及拟分配的奖励、占比情况等。

北京邮电大学科技人员面向企业开展技术开发、技术咨询、技术服务、技术培训等横向合作活动，是北京邮电大学科技成果转化的重要形式，其管理应依据合同法和科技成果转化法；北京邮电大学应与合作单位依法签订合同或协议，约定任务分工、资金投入和使用、知识产权归属、权益分配等事项，经费支出按照合同或协议约定执行，净收入可按照学校制定的科技成果转移转化奖励和收益分配办法对完成项目的科技人员给予奖励和报酬。对科技人员承担横向科研项目与承担政府科技计划项目,在业绩考核中同等对待。

完善有利于科技成果转移转化的人事管理制度。北京邮电大学科技人员在履行岗位职责、完成本职工作的前提下,征得学校同意,可以到企业兼职从事科技成果转化,或者离岗创业在不超过三年时间内保留人事关系。离岗创业期间,科技人员所承担的国家科技计划和基金项目原则上不得中止,确需中止的应当按照有关管理办法办理手续。北京邮电大学要建立和完善科技人员在岗兼职、离岗创业和返岗任职制度,对在岗兼职的兼职时间和取酬方式、离岗创业期间和期满后的权利和义务及返岗条件做出规定并在校内公示。担任领导职务的科技人员的兼职管理,按中央有关规定执行。鼓励北京邮电大学设立专门的科技成果转化岗位并建立相应的评聘制度。鼓励北京邮电大学设立一定比例的流动岗位,聘请有创新实践经验的企业家和企业科技人才兼职从事教学和科研工作。

支持学生创新创业。探索建立以创新创业为导向的人才培养机制,完善产学研用结合的协同育人模式。支持北京邮电大学与企业、研究院所联合建立学生实习实训和研究生科研实践等教学科研基地,提高学生创新创业实践能力。推动国家大学科技园为学生创新创业提供力所能及的场地、信息网络和商事、法律服务,建立微创新实验室、创新创业俱乐部等,发展众创、众包、众扶、众筹空间等新型孵化模式。鼓励国家大学科技园组织有创业实践经验的企业家、北京邮电大学科技人员和天使投资人开展志愿者行动,为学生创新创业提供辅导和技术开发合作援助,编写北京邮电大学师生创新创业成功案例作为北京邮电大学创新创业教辅材料,支持北京邮电大学创新创业教育。加强知识产权相关学科专业建设,对学生开展知识产权保护相关法律法规的教育培训。鼓励北京邮电大学通过无偿许可专利的方式,向学生授权使用科技成果,引导学生参与科技成果转移转化。

建立科技成果转移转化年度报告制度和绩效评价机制。按照国家科技成果年度报告制度的要求，北京邮电大学要按期以规定格式向主管部门报送年度科技成果许可、转让、作价投资以及推进产学研合作、科技成果转移转化绩效和奖励等情况，并对全年科技成果转移转化取得的总体成效、面临的问题进行总结。北京邮电大学要建立科技成果转移转化绩效评价机制，对科技成果转移转化业绩突出的机构和人员给予奖励。

五 特别事项说明

图表及术语说明表	
专利价值总额	以单件专利为基数进行统计，即同一专利申请仅统计一次
转让	仅表示发生过权利人变更的情况，即不包含发明人、地址变更，且不包括仅增加专利权人或部分转让的情况
技术宽度	仅用于统计 IPC 分类号个数，预测专利应用领域的广度。技术宽度的数值等于 IPC 分类号的个数
技术应用广度	统计专利 IPC 大类的个数